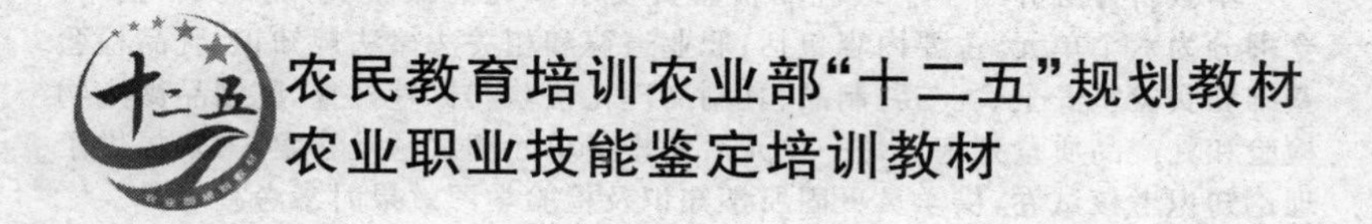

乳品检验员

（中级）

雷莉辉　付凤生　李玉冰　主编

中国农业大学出版社
·北京·

内 容 简 介

本教材详细介绍了中级乳品检验员要求掌握的最新实用知识和技术。全书分为六个单元，主要内容包括：职业道德和相关法律法规知识、乳品检验基础和实验室安全、乳与乳制品、乳制品理化检验和标签检查、乳制品微生物检验和乳产品质量判定。每一单元后安排了单元测试题及答案，书末提供了理论知识考核试卷，供学员巩固所学知识及检验学习效果时参考。

图书在版编目(CIP)数据

乳品检验员：中级/雷莉辉，付凤生，李玉冰主编，—北京：中国农业大学出版社，2013.12

ISBN 978-7-5655-0888-2

Ⅰ.①乳… Ⅱ.①雷…②付…③李… Ⅲ.①乳制品-食品检验 Ⅳ.①TS252.7

中国版本图书馆 CIP 数据核字(2013)第 315610 号

书　名　乳品检验员(中级)
作　者　雷莉辉　付凤生　李玉冰　主编

策划编辑　张　蕊　陈肖安　汪春林　　责任编辑　张　蕊
封面设计　郑　川　　责任校对　王晓凤　陈　莹
出版发行　中国农业大学出版社
社　　址　北京市海淀区圆明园西路 2 号　　邮政编码　100193
电　　话　发行部 010-62818525，8625　　读者服务部 010-62732336
　　　　　编辑部 010-62732617，2618　　出　版　部 010-62733440
网　　址　http://www.cau.edu.cn/caup　　e-mail cbsszs @ cau.edu.cn
经　　销　新华书店
印　　刷　中煤涿州制图印刷厂
版　　次　2014 年 1 月第 1 版　　2014 年 1 月第 1 次印刷
规　　格　850×1 168　32 开本　5.625 印张　140 千字
定　　价　13.00 元

编写人员

主　编　雷莉辉　付凤生　李玉冰

参　编　胡　平　曹　允　曹授俊　刘建平

张京和　王明利

编写说明

《乳品检验员》（中级工）以《国家职业标准　乳品检验员》为编写依据，详细介绍了职业道德和相关法律法规知识、乳品检验基础和实验室安全、乳与乳制品、乳制品理化检验和标签检查、乳制品微生物检验和产品质量判定等内容。该书通俗易懂，具有很强的针对性和实用性，是新型职业乳品检验员培训的专用教材，也可作为相关生产技术人员和管理人员的在职培训、岗位培训与参考用书。

本书由北京农业职业学院曹授俊教授，李玉冰教授，张京和副教授，雷莉辉、胡平、曹允、王明利讲师，北京市房山区农业局付凤生高级畜牧师，北京通州区动物疫病控制中心刘建平兽医师共同编写，雷莉辉、付凤生、李玉冰担任主编，胡平、曹允、曹授俊、刘建平、张京和、王明利参加编写。山东畜牧兽医职业学院教授徐建义、农业部科技教育司寇建平和原农业部农民科技教育培训中心陈肖安等同志对教材内容进行了审定，在此一并表示感谢。

由于编写任务紧、时间仓促，编著者水平所限，本书难免有不妥之处，敬请广大读者提出意见。

编　者

2013 年 9 月

目 录

一、职业道德和相关法律法规知识

(一)乳品检验员职业道德

“民以食为天,食以安为先。”充足、营养和安全的食品是人类生存的基本需要。自古以来,食品的安全性问题一直同人类的生产活动紧密相连,是制约人类健康和社会进步的重要因素。

乳作为天然食物中最“完美”食品之一,其安全性同样也日益受到关注。不安全的乳与乳制品将导致消费者生病甚至死亡;导致生产者产品滞销、利润下降、甚至破产。乳品质量的好坏,直接影响人们的身体健康。因此,乳品检验工作是从营养、卫生及安全等方面对乳品进行全面的评价,同时也是进行乳品卫生监督、提高乳及乳制品质量的重要环节,尤其是对乳及乳制品的原辅料的检验。关键工序、半成品及产成品进行感官、理化和微生物检验,以确定乳品的品质和安全性,使广大消费者能够饮用安全卫生、营养丰富的健康乳品。

对乳品生产的各环节进行检验,不仅可以了解其质量是否符合生产的要求及安全、营养、健康的需要,同时也可以发现生产中存在的各种质量问题。

此外,乳品检验工作也是科学实验中不可缺少的手段,通过分析检验,判断产品质量的提高情况,评价新工艺、新设备的使用效果,为新产品的开发提供依据。

1.乳品检验员的职业道德

乳品检验员应当树立爱岗敬业、诚实守信、办事公正、服务群众、奉献社会的职业道德。从事乳品检验工作应具备以下基本条件：

（1）具有较高的政治思想觉悟，自觉执行党和国家的方针政策，遵纪守法，不谋私利。

（2）办事公正，实事求是，认真负责，坚持原则，不徇私做假。

（3）热爱检验工作，具有高度的献身精神。

（4）有宽广的胸怀，谦虚的态度，平等待人，严于律己，宽以待人。

（5）贯彻国家有关乳制品安全卫生和技术质量方面的法律、法规、标准和技术规范。

（6）熟练掌握乳制品检测检验内容、要求及方法。

（7）勤奋学习，努力钻研，不断提高自己的政治觉悟和业务技术水平，服从工作安排并完成规定的任务。

（8）身体健康，无色盲、色弱、高度近视等眼疾，无与准确检验工作要求不相适应的疾病等。

2.乳品行业职业道德规范

（1）各企业应以行业发展为最高利益，制定、实施各自的发展战略、经营方针。

（2）以引导乳品消费、扩大乳品市场为己任，利用各种形式宣传乳品营养知识。

（3）在行业中提倡公平竞争，反对不正当竞争。企业之间应加强协商、沟通、合作。

（4）按国家标准、行业标准组织生产，为消费者提供货真价实的产品和满意的服务。

（5）在产品销售中，如实介绍产品，不夸大、不误导、不失真。

（6）配合政府有关部门打击伪劣假冒产品，检举制假、售假行为，维护乳品市场的正常秩序。

(二)乳品检验相关法律法规知识

1.食品卫生和食品污染

(1)食品卫生　食品卫生是指控制食品的生产、收获、加工、供应、经营等过程中可能存在的有害因素,以确保食品质量良好、安全、有益于人体健康所采取的各种有效措施。

(2)食品污染　食品污染是指食品在生产、制造、储藏、运输、销售等过程中受到有害物质的侵袭,致使食品的质量安全性、营养性或感官性状发生改变的过程。

①食品污染的分类　食品污染按其污染源可分为生物性、化学性及物理性污染 3 类。

a.生物性污染　主要有细菌与细菌毒素、霉菌与霉菌毒素、肠道病毒、借助食品传播的寄生虫与寄生虫卵以及损毁食品的仓虫和螨类等污染。在食品的周围环境中,到处都有微生物在活动,食品在生产、加工、储藏、运输及销售过程中,随时都有被微生物污染的可能。其中,细菌及其毒素对食品的污染是最常见的生物性污染,也是最主要的卫生问题。

b.化学性污染　化学性污染是由有害有毒的化学物质污染食品引起的。如残留在动植物性食品中的各种农药;含铅、镉、铬、汞、硝基化合物等有害物质的工业废水、废气及废渣;食用色素、防腐剂、发色剂、甜味剂、固化剂、抗氧化剂食品添加剂;在食品加工储存中产生的有害物质,如酒中的醛类、食品腐败产生的胺类、脂肪酸败产生的醛、酮和过氧化物等。

c.物理性污染　主要来源于复杂的多种非化学性的杂物,虽然有的污染物可能并不威胁消费者的健康,但是严重影响了食品应有的感官性状和/或营养价值,食品质量得不到保证,主要有:一是来自食品产、储、运、销的污染物,如粮食收割时混入的草籽、液体食品容器池中的杂物、食品运销过程中的灰尘及苍蝇等;二是食品的掺假，如粮食中掺入的沙石、肉中注入的水、乳粉中掺入大量的糖等；三是食品的放射性污染，主要是通过水及土壤污染农作物、水产品、饲料等，经过生物圈进入食品，并且可通过食物链转移。

②食品污染造成的危害

a.急性中毒　食品被大量的病原微生物及其所产生的毒素或化学物质污染，进入人体后引起急性中毒。如黄曲霉毒素引起的中毒性肝炎，有机磷杀虫剂引起的中毒，都属于急性中毒。

b.慢性中毒　食品被某些有害物质污染，含量虽少，但由于长期食用而引起机体的慢性损伤。如长期摄入低剂量的铅可引起慢性中毒，主要表现为造血、胃肠道及神经系统病变。

c.致突变和致畸作用　食品中某些污染物能引起生殖细胞和体细胞突变，或在动物胚胎的细胞分化和器官的形成过程中，使胚胎发育异常。如二噁英对多种动物都具有致畸性。

d.致癌作用　如亚硝胺化合物、黄曲霉毒素等会引起人体组织细胞发生癌变。

2.《中华人民共和国食品卫生法》

为保证食品卫生，防止食品污染和有害因素对人体的危害，保障人民身体健康，增强人民体质，制定《中华人民共和国食品卫生法》(以下简称《食品卫生法》)。国家实行食品卫生监督制度。国务院卫生行政部门主管全国食品卫生监督管理工作。国务院有关部门在各自的职责范围内负责食品卫生管理工作。

(1)适用范围　凡在中华人民共和国领域内从事食品生产经营的，都必须遵守《食品卫生法》。本法适用于一切食品，食品添加剂，食品容器、包装材料和食品用工具、设备、洗涤剂、消毒剂；也适用于食品的生产经营场所、设施和有关环境。国家鼓励和保护社会团体和个人对食品卫生的社会监督。对违反本法的行为，任何人都有权检举和控告。

(2)食品的卫生要求

①食品应当无毒、无害，符合应当有的营养要求，要有相应的

色、香、味等感官性状。专供婴幼儿的主、辅食品,必须符合国务院卫生行政部门制定的营养、卫生标准。

②食品生产经营过程必须符合下列卫生要求:

a. 保持室内外环境整洁,采取消除苍蝇、老鼠、蟑螂和其他有害昆虫及其滋生条件的措施,与有毒、有害场所保持规定的距离。

b. 食品生产经营企业应当有与产品品种、数量相适应的食品原料处理、加工、包装、贮存等厂房或者场所。

c. 应当有相应的消毒、更衣、盥洗、采光、照明、通风、防腐、防尘、防蝇、防鼠、洗涤、污水排放、存放垃圾和废弃物的设施。

d. 设备布局和工艺流程应当合理,防止待加工食品与直接入口食品、原料与成品交叉污染,食品不得接触有毒物、不洁物。

e. 餐具、饮具和盛放直接入口食品的容器,使用前必须洗净、消毒,炊具、用具用后必须洗净,保持清洁。

f. 贮存、运输和装卸食品的容器包装、工具、设备和条件必须安全、无害,保持清洁,防止食品污染。

g. 直接入口的食品应当有小包装或者使用无毒、清洁的包装材料。

h. 食品生产经营人员应当经常保持个人卫生,生产、销售食品时,必须将手洗净,穿戴清洁的工作衣、帽;销售直接入口食品时,必须使用售货工具。

i 使用的洗涤剂、消毒剂应当对人体安全、无害。

③用水必须符合国家规定的城乡生活饮用水卫生标准。

④禁止生产经营下列食品:

a. 腐败变质、油脂酸败、霉变、生虫、污秽不洁、混有异物或者其他感官性状异常,可能对人体健康有害的。

b. 含有毒、有害物质或者被有毒、有害物质污染,可能对人体健康有害的。

c. 含有致病性寄生虫、微生物的,或者微生物毒素含量超过国家限定标准的。

d. 未经兽医卫生检验或者检验不合格的肉类及其制品。

e. 病死、毒死或者死因不明的禽、畜、兽、水产动物等及其制品。

f. 容器包装污秽不洁、严重破损或者运输工具不洁造成污染的；掺假、掺杂、伪造，影响营养、卫生的。

g. 用非食品原料加工的，加入非食品用化学物质的或者将非食品当做食品的。

h. 防病等特殊需要，国务院卫生行政部门或者省、自治区、直辖市人民政府专门规定禁止出售的。

i. 超过保质期限的；其他不符合食品卫生标准和卫生要求的。

含有未经国务院卫生行政部门批准使用的添加剂的或者农药残留超过国家规定容许量的。

⑤食品中不得加入药物，但按照传统既是食品又是药品的作为原料、调料或者营养强化剂加入的除外。

(3)食品添加剂的卫生要求　生产经营和使用食品添加剂，必须符合食品添加剂使用卫生标准和卫生管理办法的规定；不符合卫生标准和卫生管理办法的食品添加剂，不得经营、使用。

(4)食品容器、包装材料和食品用工具、设备的卫生要求。

食品容器、包装材料和食品用工具、设备必须符合卫生标准和卫生管理办法的规定。

食品容器、包装材料和食品用工具、设备的生产必须采用符合卫生要求的原材料。产品应当便于清洗和消毒。

3.《中华人民共和国产品质量法》

为了加强对产品质量的监督管理，提高产品质量水平，明确产品质量责任，保护消费者的合法权益，维护社会经济秩序，制定《中华人民共和国产品质量法》(以下简称《产品质量法》)。

(1)适用范围　在中华人民共和国境内从事产品生产、销售活动，必须遵守《产品质量法》。《产品质量法》中所称产品是指经过加工、制作，用于销售的产品。建设工程不适用本法规定；但是，建设工程使用的建筑材料、建筑构配件和设备则适用于《产品质量法》规定。

(2)生产者的产品质量责任和义务

生产者应当对其生产的产品质量负责。产品质量应当符合下列要求：

①不存在危及人身、财产安全的不合理的危险，有保障人体健康和人身、财产安全的国家标准、行业标准的，应当符合该标准。

②具备产品应当具备的使用性能，但是对产品存在使用性能的瑕疵作出说明的除外。

③符合在产品或者其包装上注明采用的产品标准，符合以产品说明、实物样品等方式表明的质量状况。

产品或者其包装上的标识必须真实，并符合下列要求：有产品质量检验合格证明。有中文标明的产品名称、生产厂厂名和厂址。根据产品的特点和使用要求，需要标明产品规格、等级、所含主要成分的名称和含量的，用中文相应予以标明；需要事先让消费者知晓的，应当在外包装上标明，或者预先向消费者提供有关资料。限期使用的产品，应当在显著位置清晰地标明生产日期和安全使用期或者失效日期。使用不当，容易造成产品本身损坏或者可能危及人身、财产安全的产品，应当有警示标志或者中文警示说明。裸装的食品和其他根据产品的特点难以附加标识的裸装产品，可以不附加产品标识。易碎、易燃、易爆、有毒、有腐蚀性、有放射性等危险物品以及储运中不能倒置和其他有特殊要求的产品，其包装质量必须符合相应要求，依照国家有关规定做出警示标志或者中文警示说明，标明储运注意事项。

④生产者不得生产国家明令淘汰的产品。

⑤生产者不得伪造产地，不得伪造或者冒用他人的厂名、厂址。

⑥生产者不得伪造或者冒用认证标志等质量标志。

⑦生产者生产产品，不得掺杂、掺假，不得以假充真、以次充

好,不得以不合格产品冒充合格产品。

(3)销售者的产品质量责任和义务

①销售者应当建立并执行进货检查验收制度,验明产品合格证明和其他标识。

②销售者应当采取措施,保持销售产品的质量。

③销售者不得销售国家明令淘汰并停止销售的产品和失效、变质的产品。

④销售者销售的产品的标识应当符合本法第二十七条的规定。

⑤销售者不得伪造产地,不得伪造或者冒用他人的厂名、厂址。

⑥销售者不得伪造或者冒用认证标志等质量标志。

⑦销售者销售产品,不得掺杂、掺假,不得以假充真、以次充好,不得以不合格产品冒充合格产品。

4.乳品质量安全监督管理条例

为了解决三鹿牌婴幼儿乳粉事件给婴幼儿的生命健康造成很大危害,给我国乳制品行业带来了严重影响等问题,进一步完善乳品质量安全管理制度,加强从乳畜养殖、生鲜乳收购到乳制品生产、乳制品销售等全过程的质量安全管理,加大对违法生产经营行为的处罚力度,加重监督管理部门不依法履行职责的法律责任,保证乳品质量安全,更好地保障公众身体健康和生命安全,经 2008 年 10 月 6 日国务院第二十八次常务会议通过并施行《乳品质量安全监督管理条例》。

《条例》对监管部门的职责和法律责任对此作了 3 个方面的规定:一是规定畜牧兽医部门负责乳畜饲养以及生鲜乳生产环节、收购环节的监督管理。质量监督检验检疫部门负责乳制品生产环节和乳品进出口环节的监督管理。工商管理部门负责乳制品销售环节的监督管理。食品药品监督部门负责乳制品餐饮服务环节的监督管理。卫生部门负责乳品质量安全监督管理的综合协调,组织查处食品安全重大事故，组织制定乳品质量安全国家标准。二是严格领导责任。三是明确监管部门不履行条例规定的职责、造成后果的依法追究相应责任。

《条例》规定乳品质量安全国家标准应当包括乳品中的致病性微生物、农药残留、兽药残留、重金属以及其他危害人体健康物质的限量规定，乳品生产经营过程的卫生要求，通用的乳品检验方法与规程，与乳品安全有关的质量要求，以及其他需要制定为乳品质量安全国家标准的内容。

《条例》规定：一是禁止在生鲜乳收购、贮存、运输、销售过程中添加任何物质；禁止在乳制品生产过程中添加非食品用化学物质或者其他可能危害人体健康的物质。二是禁止在生产过程中使用不符合乳品质量安全国家标准的生鲜乳；禁止购进、销售过期、变质或者不符合乳品质量安全国家标准的乳制品。三是禁止不符合条例规定的单位或者个人开办生鲜乳收购站、收购生鲜乳；禁止收购不符合乳品质量安全国家标准的生鲜乳。四是禁止未取得食品生产许可证的任何单位和个人从事乳制品生产；禁止购进、销售无质量合格证明、无标签或者标签残缺不清的乳制品；乳制品销售者不得伪造产地，不得伪造或者冒用他人的厂名、厂址，不得伪造或者冒用认证标志等质量标志。

《条例》对乳畜养殖环节作了规定：一是建立乳业发展支持保护体系。二是规定设立乳畜养殖场、养殖小区要符合规定条件，并向当地畜牧兽医主管部门备案；乳畜养殖场要建立养殖档案，如实记录乳畜品种、数量以及饲料、兽药使用情况，载明乳畜检疫、免疫和发病等情况。三是规定养殖乳畜应当遵守生产技术规程，做好防疫工作，不得使用国家禁用的饲料、饲料添加剂、兽药以及其他对动物和人体具有直接或者潜在危害的物质，不得销售用药期、休药期内乳畜产的生鲜乳；乳畜应当接受强制免疫，符合健康标准；挤乳设施、生鲜乳贮存设施应当及时清洗、消毒；生鲜乳应当冷藏，超过 2 小时未冷藏的生鲜乳，不得销售。

《条例》对生鲜乳收购作了规定：一是规定，开办生鲜乳收购站应当取得畜牧兽医主管部门的许可，符合建设规划布局，有必要的设备设施，达到相应的技术条件和管理要求；生鲜乳收购站应当由乳制品生产企业、乳畜养殖场或者奶农专业生产合作社开办，其他单位与个人不得从事生鲜乳收购。二是规定生鲜乳收购站应当按照乳品质量安全国家标准对生鲜乳进行常规检测，不得收购可能危害人体健康的生鲜乳，并建立、保存收购、销售及检测记录，保证生鲜乳质量；贮存、运输生鲜乳应当符合冷藏、卫生等方面的要求。三是规定价格部门应当加强对生鲜乳价格的监控、通报，必要时县级以上地方人民政府可以组织有关部门、协会和奶农代表确定生鲜乳交易参考价格；畜牧兽医主管部门应当制定并组织实施生鲜乳质量安全监测计划，对生鲜乳进行监督抽查，并公布抽查结果。

《条例》对乳制品生产作了规定：一是强化乳制品生产企业的检验义务。规定乳制品生产企业应当严格执行生鲜乳进货查验和乳制品出厂检验制度，对收购的生鲜乳和出厂的乳制品都必须实行逐批检验检测，不符合乳品质量安全国家标准的，一律不得购进、销售，并对检验检测情况和生鲜乳来源、乳制品流向等予以记录和保存。二是规定乳制品生产企业应当符合良好生产规范要求，对乳制品生产从原料进厂到成品出厂实行全过程质量控制；生鲜乳、辅料、添加剂、包装、标签等必须符合乳品质量安全国家标准；使用复原乳生产液态乳的必须标明“复原乳”字样。三是建立健全不安全乳制品召回制度。

《条例》在销售环节乳制品的质量安全作了规定：一是规定乳制品销售者应当建立进货查验制度，审验乳制品供货商经营资格和产品合格证明，建立进货台账；从事乳制品批发业务的销售企业还应当建立销售台账，如实记录批发的乳制品品种、规格、数量、流向等内容。乳制品销售者不得销售不合格乳制品，不得伪造、冒用质量标志。二是规定乳制品不符合乳品质量安全国家标准、存在危害人体健康和生命安全危险的，其销售者应当立即停止销售，追回已经售出的乳制品；销售者发现乳制品不安全的，还应当立即报告有关主管部门，通知乳制品生产者。

测 试 题

一、单项选择题

1. 乳品检验员应当树立爱岗敬业、诚实守信等良好的(　　)。

A. 职业精神　　B. 职业道德

C. 奉献精神　　D. 公平公正

2. (　　)是指食品在生产、制造、储藏、运输、销售等过程中受到有害物质的侵袭，致使食品的质量安全性、营养性或感官性状发生改变的过程。

A. 食品污染　　B. 食品安全

C. 食品变质　　D. 食品过期

3. 口蹄疫病毒对食品的污染属于(　　)。

A. 生物性污染　　B. 化学性污染

C. 物理性污染　　D. 辐射

4. 长期摄入低剂量的铅会引起(　　)。

A. 急性中毒　　B. 慢性中毒

C. 致畸　　D. 致突变

5. 食品中如果含二噁英，对多种动物都具有(　　)。

A. 急性中毒　　B. 慢性中毒

C. 致畸性　　D. 致突变

6. 经(　　)国务院第二十八次常务会议通过并施行《乳品质量安全监督管理条例》。

A. 2008 年 10 月 6 日　　B. 2007 年 10 月 6 日

C. 2009 年 1 月 1 日　　D. 2010 年 6 月 1 日

二、多项选择题

1. 食品污染按其污染源包括(　　)。

A. 生物性污染　　B. 化学性污染

C. 物理性污染　　D. 辐射

2. 我国最基本的有关食品安全法律是(　　)。

A.《中华人民共和国食品安全法》

B.《中华人民共和国产品质量法》

C.《中华人民共和国食品卫生法》

D.《乳品质量安全监督管理条例》

3. 食品污染造成的危害都有(　　)。

A. 急、慢性中毒　　B. 致癌

C. 致畸　　D. 致突变

4. 下列(　　)项属于食品的生物性污染。

A. 大肠杆菌毒素　　B. 寄生虫

C. 灰尘　　D. 沙石

5. 下列(　　)项属于食品的物理性污染。

A. 大肠杆菌毒素　　B. 沙石

C. 草籽　　D. 寄生虫

6.(　　)进入人体后会引起急性中毒。

A. 低剂量重金属　　B. 黄曲霉毒素

C. 有机磷杀虫剂　　D. 高剂量重金属

三、判断题

1.《食品卫生法》规定禁止经营超过保质期限的食品。(　　)

2. 对乳品进行检验时一般只检验商品,而不检验各生产环节。(　　)

3. 中毒性肝炎引起的原因不可能是食品中黄曲霉素的影响。(　　)

4. 食品中若含有亚硝胺化合物,也可能引起人体组织细胞发生癌变。(　　)

5. 我国最基本的有关食品安全法律只有《中华人民共和国食品卫生法》。(　　)

6. 口蹄疫病毒对食品的污染并不会影响食用者的健康。(　　)

测试题参考答案

1. 单项选择题：1. B　2. A　3. B　4. B　5. C　6. A

2. 多项选择题：1. ABC　2. BC　3. ABCD　4. AB　5. BC　6. BC

3. 判断题：1. √　2. ×　3. ×　4. √　5. ×　6. ×

二、乳品检验基础和实验室安全

(一)乳品检验基础

1.分析化学基础

(1)法定计量单位　法定计量单位指由国家以法令形式规定使用或允许使用的计量单位。我国的法定计量单位是以国际单位制单位为基础，结合我国的实际情况而制定。乳品检验中常用的法定计量单位主要有以下几种：

①长度　长度的国际单位是米(m)，常用的单位有千米(km)、分米(dm)、厘米(cm)、毫米(mm)、微米(μm)、纳米(nm)。

长度各计量单位之间的换算关系如下：

$1\ km = 10^3\ m$　$1\ m = 10\ dm = 100\ cm$　$10^3\ mm = 10^6\ \mu m = 10^9\ nm$。

②热力学温度　温度是指用温度计对一个物体的冷或热的程度的度量。它的国际单位制单位为“开尔文”，简称“开”，用符号“K”表示。我国常用的温度单位为“摄氏度”，用符号“℃”表示。

开尔文温度和摄氏度温度的换算关系如下：

$$T/℃ = T/K - 273.16$$

③质量　物体所含物质的多少称为物体的质量，质量的国际单位为“千克”，用符号“kg”表示，其他常用的质量单位有克(g)、毫克(mg)、微克(μg)。

质量各计量单位之间的换算关系如下：

$$1\ kg = 10^3\ g = 1\times10^6\ mg = 1\times10^9\ \mu g$$

④物质的量和摩尔质量　物质的量是表示物质所含微粒数(N)与阿伏伽德罗常数(NA)之比，它是把微观粒子与宏观可称量物质联系起来的一种物理量。物质的量的国际制单位为“摩尔”，用符号“mol”表示。

已知 0.012 kg 碳-12 中含有 6.022×10^{23} 个 12 碳原子，这个数目叫作阿伏伽德罗常数。因此，如果一个物质中所含物质的基本单元的数目是 6.022×10^{23} 个时，这个数量叫作 1 mol。例如：H_2O 为基本单元，则 0.018 kg 水为 1 mol 水；H_2SO_4 为基本单元，则 0.098 kg H_2SO_4 为 1 mol。

单位物质的量的物质所具有的质量，称为摩尔质量，单位为千克/摩尔(kg/mol)，用符号 M 表示，其他常用单位有克/摩尔(g/mol)，摩尔质量在数值上等于该物质的相对原子质量或相对分子质量。对于某一纯净物来说，它的摩尔质量是固定不变的，而物质的质量则随着物质的量不同而发生变化。

例如：1 mol O_2 的质量是 32 g，2 mol O_2 的质量是 64 g。

⑤时间　时间的单位为“小时”，用符号 h 表示，其他常用的时间单位有分(min)、秒(s)。

时间各计量单位之间的换算关系如下：

$$1\ \text{h}=60\ \text{min};1\ \text{min}=60\ \text{s}$$

⑥体积　体积是指物质或物体所占空间的大小，体积的国际制单位为立方米，用符号 m^3 表示，其他常用的体积单位有升(L)、毫升(mL)、微升(μL)。

⑦相对密度　单位体积的某种物质的质量，叫作这种物质的密度。物质的密度与参考物质的密度在各自规定的条件下之比，称为相对密度，用符号 d 表示。大部分情况下，参考物质是水，也就可以理解成，同体积物质的质量和同体积的水的质量之比。

例如：牛乳的相对密度是指牛乳在 20℃时的质量与同体积 4℃水的质量之比，正常牛乳的相对密度为 1.028～1.032。

(2)化学检验基础

①溶液　溶液是由至少两种物质组成的均一、稳定的混合物，被分散的物质(溶质)以分子或更小的质点分散于另一物质(溶剂)中。在生活中常见的溶液有盐水、碘酒溶液等。

a. 溶液的组成

溶质:溶质是指被溶解的物质。

溶剂:溶剂是指溶解其他物质的物质。其中,水是最常用的溶剂,能溶解很多种物质,酒精也是常用的溶剂,如酒精能溶解碘。

b. 溶液的分类

饱和溶液:在一定温度、一定量的溶剂中,溶质不能继续溶解的溶液,叫作饱和溶液。

不饱和溶液:在一定温度、一定量的溶剂中,溶质可以继续溶解的溶液。

c. 溶解度　在一定温度下,某固态物质在 100 g 溶剂中达到饱和状态时所溶解的质量,叫作这种物质在这种溶剂中的溶解度。如果不指明溶剂,一般说的溶解度指的是物质在水中的溶解度。

例如:在 20℃,100 g 水里最多溶解 36 g 氯化钠,则氯化钠在 20℃的溶解度是 36 g 水。

不同物质在同一溶剂中的溶解度不同,同一种物质在不同溶剂中的溶解度也不同。一般在常温下,在 100 g 溶剂中,能溶解 10 g 以上的物质称为易溶物质,溶解度在 1～10 g 的称为可溶物质,在 1 g 以下的称为微溶及难溶物质,但这并不是严格的分类方法。

②酸碱反应　化学反应中,酸指电离时产生的阳离子全部都是氢离子(H^+)的一类电解质;碱指电离时产生的阴离子全部都是氢氧根离子(OH^-)的一类电解质;电解质是指凡是在水溶液里或熔化状态下能够导电的化合物。

a. 中和反应　酸和碱互相交换成分,生成盐和水的反应叫作中和反应,即酸碱反应。

$$H^+ + OH^- = H_2O$$

$$n(H^+) = n(OH^-)$$

根据此种关系,可以通过酸碱相互反应来测定未知溶液浓度。

b. 酸碱中和滴定　酸碱中和滴定是指用已知物质的量的浓度的酸或碱来测定未知浓度的碱或酸的方法。

在乳品检验中,经常需要知道某种酸或碱的标准浓度,这就需要利用酸碱中和反应中的物质的量之间的关系来测定。

③溶液的浓度　新标准规定,只有物质的量、浓度称才为浓度,摩尔浓度、当量浓度、克式量浓度均在废弃之列。基于一些国内外的期刊仍存在上述表述,现做了解如下。

a. 百分浓度　百分浓度不是法定的计量单位,但在国内外书刊中仍然在使用百分浓度。现行的百分浓度可分为质量百分浓度、体积百分浓度和质量-体积百分浓度。为避免混淆,一般给出配制方法,或在浓度后面标注符号。

质量百分浓度:质量百分浓度是指每 100 g 溶液中所含溶质的克数。

$$\text{质量百分浓度} = \frac{\text{溶质质量(g)}}{\text{溶质质量(g)} + \text{溶剂质量(g)}} \times 100\%$$

例如:25%的葡萄糖注射液就是指 100 g 注射液中含葡萄糖 25 g。

体积百分浓度:体积百分浓度是指 100 mL 溶液中所含溶质的毫升数。

$$\text{体积百分浓度} = \frac{\text{溶质体积(mL)}}{\text{溶液体积(mL)}} \times 100\%$$

这是一种溶质和溶剂均是液体。以体积比例来混合配制的溶液。例如:75%的酒精溶液,是指将 75 mL 酒精用水稀释至 100 mL。

质量-体积百分浓度:质量-体积浓度是指每 100 mL 溶液中所

含溶质的克数。

$$质量\text{-}体积百分浓度=\frac{溶质质量(g)}{溶液体积(mL)}\times 100\%$$

溶剂是液体的溶液多用此表示。例如:4%的氢氧化钠溶液,是指在 100 mL 溶液中含有 4 g 的氢氧化钠。

b. 摩尔浓度　摩尔浓度是指 1 L 溶液中所含溶质的物质的量,用符号 M 表示。例如:1 M 盐酸溶液表示 1 L 溶液中含有 1 mol 的盐酸,也可以用每毫升溶液中所含溶质的物质的量来表示。

$$摩尔浓度(M)=\frac{溶质物质的量}{溶液体积(L)}=\frac{溶质物质的量}{溶液体积(mL)}$$

c. 当量浓度　当量浓度是指 1 L 溶液中所含溶质的克当量数,用符号 N 表示。

$$当量浓度=溶质的克当量数/溶液体积(L)$$

例如:0.1 N 盐酸溶液是指 1 L 盐酸溶液中含有 0.1 克当量的盐酸。

为了熟练掌握当量浓度的计算,下面对克当量和当量定律的概念做一简要介绍。

在化学反应中,为表示化合物相互作用时的数量关系,引入了“当量”的概念。“当量”即化合物相互作用时彼此相当的量。以酸碱反应为例:

$$HCl+NaOH=NaCl+H_2O$$

$$H_2SO_4+2NaOH=Na_2SO_4+2H_2O$$

$$H_3PO_4+3NaOH=Na_3PO_4+3H_2O$$

酸碱反应的实质是酸中的氢离子和碱中的氢氧根离子相互反应生成水,即一个氢离子和一个氢氧根离子作用。所以,当 HCl、H_2SO_4 和 H_3PO_4 与 NaOH 完全反应时,所需 NaOH 的 OH^- 数分别是1、2、3。因此，化学上在讨论化合物相互反应的质量关系时，就以1.008份质量单位的氢作为标准。这样对某种物质来说，就可以找出一个数值表示它们和1.008份质量氢相互反应时的质量关系，这些质量关系称为当量。元素或化合物的当量以克为单位表示，就是该元素或化合物的克当量。例如：1 N 的氧的质量为8 g，1 N NaOH 的质量为40 g。克当量数的计算公式如下：

克当量数＝物质的质量/物质的克当量

④化学试剂的规格、等级与保存

a.化学试剂的规格　我国的试剂规格基本按纯度（杂质含量的多少）划分，最常见的试剂规格有以下几种。

优级纯：又称保证试剂，这种试剂的纯度高，杂质少，主要用于精密的科学实验和研究工作。

分析纯：纯度较高，略低于优级纯，用于一般的科学研究。

化学纯：纯度较分析纯略差，主要应用于一般的工厂、教学实验的检测。

实验试剂：杂志含量较高，比工业品纯度高，主要应用于普通实验研究工作。

除上述4个级别之外，目前市场上还有：

基准试剂：基准试剂是用于标定容量，分析标准溶液的标准参考物质，基准试剂准确称量后能够直接配制成标准溶液，其主要成分含量一般在99.95％～100.05％。

光谱纯试剂：光谱纯试剂表示光谱纯净。由于有机物在光谱上显示不出，因此，有时主成分达不到99.9％以上，使用时必须注意，特别是作基准物时，必须进行标定。

在选用化学试剂上，应根据实验的规格要求进行选择。一方面要考虑实验费用问题；另一方面也要考虑待测物品精确度的具体要求，最后还要考虑试剂的价格和特性。总而言之，要保证检测结果的准确度，以达到预期的目的。

在乳品检验中，大多数的试剂选用分析纯，标定氢氧化钠、盐酸等标准溶液时选用一部分基准试剂。

b. 化学试剂的等级　化学试剂的级别、颜色、等级等内容在瓶签上都有明确的标记。我国化学试剂也有等级标志(表 1)。

表 1　我国化学试剂的等级标志

级别	一级品	二级品	三极品	四级品
纯度分类	优级纯	分析纯	化学纯	实验试剂
符号	GR	AR	CP	LR
瓶签颜色	绿色	红色	蓝色	棕色或其他

c. 化学试剂的保存　化学试剂的保存应注意以下几点。

试剂应有明显的标识，如进货日期、试剂名称等，以便于使用者对该试剂有一个明确的质量判定。

试剂应存放在干燥的洁净的环境中，不得置于湿度大、温度高的场所，避免试剂受热吸潮。

某些用蜡封口的试剂使用后要立即封口，以免影响试剂的内在质量。

试剂在一次性使用不完的情况下应将瓶口封好，否则会影响试剂的内在质量。

应将最常使用的试剂置放于最容易取到的地方。

⑤指示剂　在某些化学反应中，需加入其他辅助的试剂，通过这些辅助试剂发生的变化，如颜色的变化、沉淀现象或有浑浊情况发生等，来判断反应是否已经达到了等当点(恰好完全反应)。这些辅助的试剂称为指示剂，等当点即滴定物与被测物恰好完全反应的化学计量点。

a. 酸碱指示剂

原理及范围：在化学分析中滴定分析法是非常重要的方法之一。在滴定的过程中，通过指示剂所发生的一些变化如颜色改变、沉淀生成等来判定滴定终点，进而进行计算。

常用的酸碱指示剂是一些有机弱酸或弱碱，这些弱酸或弱碱在溶液中分离成弱酸和弱碱离子，结合其他的离子发生化学反应并呈现颜色变化。

以甲基橙为例说明指示剂的变色原理，用通式 HIn 表示弱酸指示剂，其在溶液中存在以下电离平衡：

$$\underset{\substack{\text{红色分子} \\ \text{指示剂酸式}}}{HIn} \rightleftharpoons \underset{\substack{\text{黄色分子} \\ \text{指示剂碱式}}}{H^+ + In^-}$$

K_{HIn}是指示剂的电离常数，简称指示剂常数，其数值取决于指示剂的性质和温度。由于甲基橙的酸式 HIn 是红色的，所以甲基橙在酸性溶液中显红色，当加入碱时，OH^- 与 H^+ 结合生成难电离的水，使平衡向右移动，此时溶液显黄色。由此可知指示剂本身结构的变化是指示剂变色的内因，而溶液 pH 的改变是外因。

酸碱指示剂的颜色是随溶液 pH 的改变而变化的。在实际的检测过程中，可以观察出指示剂颜色的变化，从而确定出待测溶液 pH 的变化范围。还以甲基橙为例，当溶液的 pH 由 3.1 逐渐增加到 4.4 时，可以观察到甲基橙指示剂的变色过程是：红色→红橙色→橙色→红橙色→红色。通过颜色的变化情况，可以得出结论，甲基橙指示剂的变色范围是 pH 在 3.1～4.4。其他酸碱指示剂同样如此。

酸碱指示剂的选择：不同的变色反应要选择不同的酸碱指示剂，选择的原则是变色范围应是 pH 发生在突跃范围内。

指示剂的变色范围越窄越好，pH 稍微有变化，指示剂就能改变颜色。石蕊溶液由于变色范围较宽，且在等当点时颜色的变化不易观察，所以在中和滴定中不采用。

溶液颜色的变化由浅到深容易观察，而由深变浅则不易观察。因此，应选择在滴定终点时使溶液颜色由浅变深的指示剂。强酸和强碱中和时，尽管酚酞和甲基橙都可以用，但用酸滴定碱时，甲基橙加在碱里达到等当点时，溶液由颜色由黄变红，易于观察，故选择甲基橙；用碱滴定酸时，酚酞加在酸中达到等当点时，溶液颜色由无色变为红色，易于观察，故选择酚酞。

强酸和弱碱、强碱和弱酸中和达到滴定终点时，前者溶液显酸性，后者溶液显碱性，对后者应选择碱性变色指示剂(酚酞)，对前者应选择酸性变色指示剂(甲基橙)。常用的酸碱指示剂有各自的特性(表 2)。

表 2　常用的酸碱指示剂特性

酸碱滴定方式	选用指示剂	变色范围 pH	颜色	
			酸	碱
强酸与强碱相互滴定	甲基红	4.2～6.2	红	黄
	甲基橙	3.1～4.4	红	橙黄
	中性红	6.8～8.0	红	黄
	酚酞	8.0～10.0	无	紫红
弱酸与强碱相互滴定	酚酞	8.0～10.0	无	紫红
强酸与弱碱相互滴定	甲基橙	3.1～4.4	红	橙黄
	甲基红	4.4～6.2	红	黄

混合指示剂：在酸碱滴定过程中如果变色范围比较狭窄而变色又非常明显，这时就需要加入混合指示剂。混合指示剂有两种，一种是在某种指示剂中添加惰性染料，例如：由甲基橙和靛蓝组成的混合指示剂，在 pH≥4.4 时混合指示剂显绿色，在 pH≤3.1 时显紫红色，在 pH 为 4 时几乎无色，颜色变化比较明显；另一种是用两种或多种指示剂混合配成，利用颜色之间的互补作用，使变色更明显。下面列举常用的混合指示剂(表 3)。

b. 金属指示剂

变色原理：金属指示剂能与某些金属离子生成有色络合物，而这些络合物的颜色与金属指示剂的颜色不同，从而判断出发生的化学反应。

表 3　常用的混合指示剂

混合指示剂的组成	变色点	变色情况		备注
	pH	酸	碱	
1 份 0.1%甲基黄酒精溶液 1 份 0.1%次甲基蓝酒精溶液	3.25	蓝紫色	绿色	pH 3.4 绿色 pH 3.2 蓝紫色
1 份 0.1%甲基橙水溶液 1 份 0.25%次靛蓝二磺酸水溶液	4.1	紫色	黄绿色	—
3 份 0.1%溴甲酚绿酒精溶液 1 份 0.2%次甲基红酒精溶液	5.1	酒红色	绿色	—
1 份 0.1%溴甲酚绿盐水溶液 1 份 0.1%氯酚红钠盐水溶液	6.1	黄绿色	蓝紫色	pH 4 蓝绿色、pH 5.8 蓝色、pH 6.0 蓝带紫、pH 6.2 蓝紫
1 份 0.1%中性红酒精溶液 1 份 0.1%次甲基蓝酒精溶液	7.0	蓝紫色	绿色	pH 7.1 紫蓝
1 份 0.1%甲酚红盐水溶液 3 份 0.1%百里酚蓝钠盐水溶液	8.3	黄色	紫色	pH 8.2 玫瑰红色 pH 8.4 清晰的紫色
1 份 0.1%百里酚酞酒精溶液 3 份 0.1%酚酞 50%酒精溶液	9.0	黄色	紫色	从黄到绿再到紫

常用的金属指示剂：钙试剂(NN)。钙试剂为深棕色粉末，通常与 NaCl 固体粉末配成混合物使用。钙试剂能与 Ca^{2+} 形成粉红色络合物，常用做 pH 12～13 时滴定 Ca^{2+} 的指示剂，络点由粉红色变为纯蓝色。

络黑 T(EBT)：络黑 T 为黑褐色粉末，略带金属光泽。络黑 T 与很多金属离子生成红色的络合物，络黑 T 的敏感 pH 变化范围是 9～10，在这个范围内颜色由红色变为蓝色。如超出此范围，指示剂的颜色和络合剂的颜色比较接近，故不宜使用。

c. 氧化还原指示剂：用于氧化还原滴定法的指示剂成为氧化还原指示剂。氧化还原指示剂具有氧化还原性质，它们的氧化型和还原型具有不同的颜色，通过颜色的变化来确定发生的化学反应。

$$In(氧化型)+ne \rightleftharpoons In_R(还原型)$$

一种颜色　　　　　　　另一种颜色

例如：用还原糖溶液滴定 $CuSO_4$ 时，加入亚甲基蓝指示剂，当接近等当点时，微过量的还原糖使亚甲基蓝指示剂由氧化型的蓝色还原成还原型的无色，表明反应达到终点。

⑥容量分析

a. 原理　容量分析的原理是用已知浓度的标准溶液，通过滴定管加入到被测溶液中，当消耗的标准溶液与被测溶液的毫克当量数相等时，表明达到了反应的终点。这时可以借助指示剂的变色来判断。通过标准溶液的浓度和体积，可以计算出被测物质的含量。

b. 类型

氧化还原法：利用氧化还原法来测定被检物质中氧化性或还原性物质的含量。

中和法：利用已知浓度的酸溶液来测定碱溶液的浓度，或利用已知浓度的碱溶液来测定酸溶液的浓度。终点的指示剂是借助适当的酸、碱指示剂如甲基橙和酚酞等颜色变化来决定。

络合滴定法：利用金属离子与氨羧络合剂定量地形成金属络合物的性质，在适当的 pH 范围内，以 EDTA（乙二胺四乙酸）溶液直接滴定，借助指示剂与金属离子所形成的络合物稳定性较小的性质，在达到等当点时，EDTA（乙二胺四乙酸）从指示剂络合物中夺取金属离子，是溶液中呈现出游离指示剂的颜色，食盐中镁的测定就是采用此法。

沉淀法：利用形成沉淀的反应来测定其含量的方法，如氯化钠的测定。

c. 标准溶液和基准物质

标准溶液：标准溶液是指含有某一特定浓度参数的溶液，如氯化铁的标准溶液。当用标准溶液代替样品进行测试时，得到的结果应该与已知标准溶液的浓度相符。如果结果与标准溶液存在明显的差异(>10%),则说明存在错误,需作分析。

有些标准溶液由于很不稳定,如易挥发、易氧化等原因,较难配置和使用,如硫化氢、二氧化氯、臭氧等。

标准溶液还可用来校准仪器,如色度计、分光光度计、pH 计等仪器。不同浓度的标准溶液可以用来绘制校准曲线,通过校准曲线就能够反查出待测样品的浓度。

基准物质:基准物质是指用于直接配制或标定标准溶液的物质,基准物质也称标准物质。基准物质具有以下几个条件:

纯度高,一般要求纯度应在99.9%以上。

物质的组成必须精确地符合化学式,如果有结晶水,其含量也应固定不变。

物质性质稳定,在配制和贮存过程中不会发生变化,如称量时不吸湿,不吸收二氧化碳等。

具有较大的摩尔质量。这是因为物质的摩尔质量越大,称量时相对误差就越小。

d. 标准溶液的配制与标定

标准溶液的配制:直接配制法。直接配制法是准确称取一定质量的物质,溶解并稀释到准确的体积,根据计算求出该溶液的准确浓度。例如:摩尔浓度溶液的配制。

$$c=m/(V\times M)\times 1\,000$$

式中:c 为物质的摩尔浓度,mol/L;

V 为物质的体积,mL;

m 为物质的质量,g;

M 为物质的摩尔质量,g/mol。

采用直接法配制标准溶液的物质必须是基准物。

间接配制法。很多物质不符合基准物的条件,如 NaOH 易吸收空气中 CO_2,因此计算的质量不能代表氢氧化钠的真正质量;浓盐酸易挥发，组成不稳定等。因此，这些物质必须采用间接法配制标准溶液。

间接配制法的步骤：首先配制一份近似所需浓度的溶液，然后用基准物或已知浓度的标准溶液来确定其准确浓度，这个过程也称为标定。

标准溶液的标定：用基准物标定。例如：配制一份近似浓度 0.1 mol/L NaOH 溶液，选用纯草酸为基准物，准确称取一定量的纯草酸，溶解后用被标定的 NaOH 溶液滴定至等当点，根据消耗的 NaOH 体积和纯草酸的质量就可以计算出 NaOH 溶液的准确浓度。

$$c_{NaOH} \times V_{NaOH} = mH_2C_2O_2/MH_2C_2O_2 \times 1\,000$$

式中：c 为 NaOH 的摩尔浓度，mol/L；

V 为滴定消耗 NaOH 的体积数，mL；

m 为草酸的质量，g；

M 为草酸的摩尔质量，g/mol。

用准确浓度标准溶液标定。例如：0.100 0 mol/L HCl 标准溶液的准确浓度为已知的，则可以用它来标定 NaOH 的准确浓度。计算式如下：

$$c_{HCl} \cdot V_{HCl} = c_{NaOH} \cdot V_{NaOH}$$

标定时应 2 人同时做 4 次平行测定，测定结果的相对偏差不超过 0.2%，取平均值计算浓度。

⑦质量分析

a. 原理　质量分析的原理就是将被测成分与样品中其他的成分分离，称量被测成分的质量，计算出它的含量。

b. 类型

萃取法：萃取法指将被测成分用有机溶剂萃取出来，再将有机溶剂除去，称残留物的质量，从而计算出被测成分的含量。

沉淀法：沉淀法指在样品溶液中加入适当的沉淀剂，使被测成分形成难溶的化合物沉淀出来，然后再根据沉淀物的质量，计算出该成分的含量。

挥发法：挥发法指将被测成分挥发或将被测成分转化为易挥发的成分除去，称残留物的质量，根据挥发前和挥发后的质量差，计算出被测物质的含量。

2.微生物检验基础

(1)微生物的种类　微生物是指存在于自然界中一类形体微小、结构简单、繁殖快、分布广、种类多、数量大、肉眼看不见，必须借助光学显微镜或电子显微镜放大后才能看到的微小生物。包括：

①非细胞型微生物　这类微生物体积最小，不具备细胞结构，必须在活的细胞内才能增殖。病毒属于此类，需用电镜观察。

②原核细胞型微生物　仅有核质，无核膜和核仁，缺乏完整的细胞器。这类微生物有细菌、放线菌、螺旋体、支原体、立克次氏体和衣原体。需用油镜观察。

③真核细胞型微生物　细胞核的分化程度较高，有核膜、核仁和染色体，胞质内有完整的细胞器。真菌属于此类。可用肉眼或低、高倍显微镜观察。

(2)细菌的形态和结构　细菌是一类具有细胞壁的单细胞原核微生物。细菌的个体微小，必须用显微镜放大才能看到。细菌的大小，以微米(μm)表示。

①细菌的形态　根据细菌外形的不同，可将细菌的形态分为3种主要类型：球状、杆状和螺旋状；并据此将细菌分为球菌、杆菌和螺旋状菌(图1)。

a.球菌　呈球形或类球形。根据其分裂后的排列情况，分为单球菌、双球菌(两个成对)、四联球菌、八叠球菌、葡萄球菌、链球菌(图2)。

b.杆菌　杆菌一般呈正圆柱形，也有的近似卵圆形。菌体两端多为钝圆，少数是平截，如炭疽杆菌(图3)。有些杆菌的菌

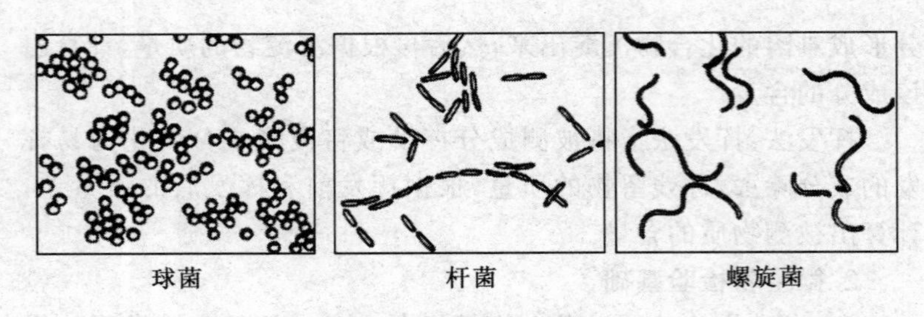

图 1　细菌的基本形态

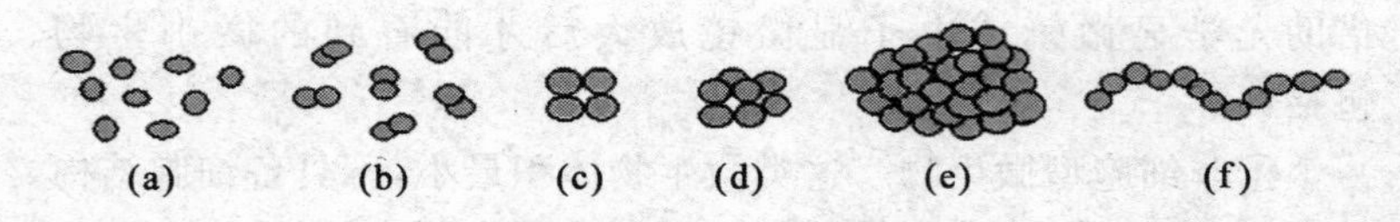

(a)单球菌　(b)双球菌　(c)四联球菌
(d)八叠球菌　(e)葡萄球菌　(f)链球菌

图 2　各种不同形状的球菌

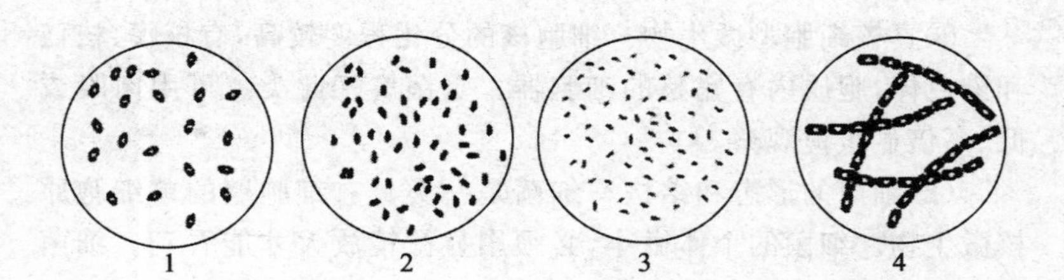

1. 巴氏杆菌　2. 布氏杆菌　3. 大肠杆菌　4. 炭疽杆菌

图 3　各种杆菌的形态和排列

体短小，近似球状，称为球杆菌，如多杀性巴氏杆菌。有些杆菌会形成侧支或分枝，称为分枝杆菌。有的杆菌呈长丝状，如坏死梭杆菌。

c. 螺旋菌　螺旋菌菌体呈弯曲状，根据菌体弯曲情况的不同，可分为弧菌和螺菌(图 4)。

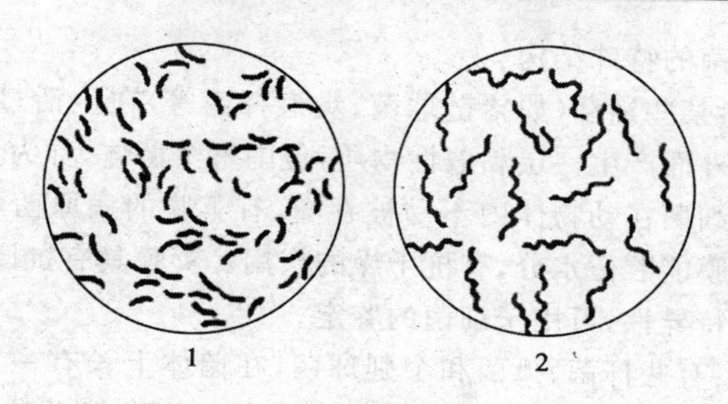

1.弧菌　2.螺菌

图4　螺旋菌的形态和排列

②细菌的结构　细菌的结构可分为基本结构和特殊结构两部分。

a.细菌的基本结构

细胞壁：在细菌细胞的最外层，紧贴在细胞膜之外。细胞壁的化学组成因细菌种类不同而有差异，用革兰氏染色法可将细菌分为革兰氏阳性菌（呈蓝紫色）和革兰氏阴性菌（呈红色）。

细胞膜：又称胞浆膜，是在细胞壁与细胞质之间的一层柔软、富有弹性的半透性生物薄膜。细胞膜可选择性地进行细菌的内外物质交换，维持细胞内正常渗透压；细胞膜还与细胞壁、荚膜的合成有关，是鞭毛的着生部位。

细胞质：是一种无色透明、均质的黏稠胶体，主要成分是水、蛋白质、脂类、多糖类、核酸及少量无机盐类等。细胞质中含有许多酶系统，是细菌进行新陈代谢的主要场所。细胞质中还含有核糖体、异染颗粒、间体、质粒等内含物。

核质：细菌是原核型微生物，不具有典型的核结构，没有核膜、核仁，只有核质，不能与细胞质截然分开。核质是由环状双股DNA盘绕而成，含细菌的遗传基因，控制细菌的遗传性状，与细菌的生长、繁殖、遗传变异等有密切关系。

b.细菌的特殊结构

荚膜:某些细菌(如猪链球菌、炭疽杆菌等)在生活过程中,可在细胞壁外面产生一层黏液性物质,包围整个菌体,称为荚膜。荚膜能保护细菌在动物体内不易被吞噬,有荚膜的病原菌可增强其毒力。荚膜能贮留水分,有抗干燥的作用。荚膜具有抗原性,具有种和型的特异性,可用于细菌的鉴定。

鞭毛:有些杆菌、弧菌和个别球菌,在菌体上长有一种细长呈螺旋弯曲的丝状物,称为鞭毛。细菌的种类不同,鞭毛的数量和着生位置不同,根据鞭毛的数量和在菌体上的位置,将有鞭毛的细菌分为单毛菌、丛毛菌和周毛菌等。鞭毛是细菌的运动器官。

菌毛:大多数革兰氏阴性菌和少数革兰氏阳性菌的菌体上生长有一种较短的毛发状细丝,称为菌毛,又称纤毛。菌毛可分为普通菌毛和性菌毛。普通菌毛数量较多,菌体周身都有,能使菌体牢固地吸附在动物消化道、呼吸道和泌尿生殖道的黏膜上皮细胞上,以利于获取营养。

芽孢:是某些杆菌生长发育到一定阶段,由胞浆胞质浓缩脱水后,在菌体内形成的一个折光性强、通透性低、圆形或卵圆形的坚实小体。一般在营养缺乏时容易形成芽孢。芽孢是细菌的休眠状态,当环境条件适宜时,又可发芽成一个菌体。芽孢对外界环境的抵抗力强,特别耐高温和渗透压作用,一般化学药品也不容易渗透进去。芽孢在土壤中可存活几年至几十年。

③细菌的菌落特征　细菌接种到一定的培养基上,在一定的温度条件下,经过一定时间的培养后,在培养基的表面或里面,由一个菌体进行繁殖而聚集了许多菌体细胞,最后形成能被人们肉眼看到的一个群体,这个群体就称为菌落。

不同的菌种具有不同的菌落形态,在不同的培养基上,菌落的大小、颜色、表面形状等各不相同。

(3)牛乳中常见的微生物　牛乳从乳腺分泌至被挤出时为无菌状态,但在挤乳过程中可能会有细菌侵入,挤乳后的处理、器械接触及运输过程也可能会使牛乳中混入微生物，如果处理不当，会导致牛乳的风味、色泽、形态都发生变化。

牛乳中存在的微生物主要有：细菌、真菌和噬菌体，其中以细菌在牛乳储藏与加工中的意义为最重要。

①细菌　牛乳中的细菌主要有：乳酸菌、肠道杆菌、芽孢杆菌、假单胞菌、产碱杆菌和一些病原细菌。

a. 乳酸菌　可利用碳水化合物产生乳酸，即进行乳酸发酵。从牛乳中很容易分离得到乳酸菌，其在分类学上属于乳酸菌科。乳酸菌一般为无孢子球菌或杆菌，属厌氧型或兼性厌氧型细菌。进行乳酸发酵时，其有时产生挥发性酸或气体。

b. 肠道杆菌　肠道杆菌寄生于肠中，为革兰氏阴性短杆菌。肠道杆菌为兼性厌氧性细菌，以大肠菌群、病原菌、沙门氏菌为主要菌群。

大肠菌群可将碳水化合物发酵，产生酸及二氧化碳、氢等气体。因大肠菌群来自于粪便，所以被规定为牛乳污染的指标菌。

c. 芽孢杆菌　芽孢杆菌为形成内孢子的革兰氏阳性杆菌，可分为好氧性芽孢杆菌属与厌氧性梭状芽孢杆菌属。

d. 假单胞菌　假单胞菌是利用鞭毛运动的需氧性菌，荧光假单胞菌和腐败假单胞菌为其代表菌。这种菌可将乳蛋白质分解成蛋白胨或将乳脂肪分解产生脂肪分解臭。这种菌能在低温下生长繁殖。

e. 产碱杆菌　产碱杆菌可使牛乳中所含的有机盐（柠檬酸盐）分解而形成碳酸盐，从而使牛乳转变为碱性。粪产碱杆菌为革兰氏阴性需氧性菌，这种菌在人及动物肠道内存在，它随着粪便而使牛乳污染。这种菌的适宜生长温度在 25～37℃。稠乳产碱杆菌常在水中存在，为革兰氏阴性菌，是需氧性的。这种菌的适宜生长温度在 10～26℃，它除能产碱之外，并能使牛乳黏质化。

f. 病原菌　牛乳中有时混有病原菌，会在人群中传染疾病，因此必须严格控制牛乳的杀菌、灭菌，使病原菌不存在。

混入牛乳中的主要病原菌有：沙门氏菌属的伤寒沙门氏菌、副伤寒沙门氏菌、肠类沙门氏菌，志贺氏菌属的志贺氏痢疾杆菌，弧菌属的霍乱弧菌，白喉棒状杆菌，人型结核菌，牛型结核菌，牛传染性流产布鲁氏杆菌，炭疽菌，大肠菌，葡萄球菌，溶血性链球菌，无乳链球菌，病原性肉毒杆菌。

②真菌　新鲜牛乳中的酵母主要为：酵母属、毕赤氏酵母属、球拟酵母属、假丝酵母属等菌属，常见的有脆壁酵母菌、洪氏球拟酵母、高加索乳酒球拟酵母、球拟酵母等。其中，脆壁酵母与假丝酵母可使乳糖发酵而且用以制造发酵乳制品。但使用酵母制成的乳制品往往带有酵母臭，有风味上的缺陷。

牛乳中常见的霉菌有：乳粉胞霉、乳酪粉胞霉、黑念珠霉、变异念珠霉、腊叶芽枝霉、乳酪青霉、灰绿青霉、灰绿曲霉和黑曲霉，其中的乳酪青霉可制干酪，其余的大部分霉菌会使干酪、乳酪等污染腐败。

③噬菌体　侵害细菌的滤过性病毒统称为噬菌体，亦称为细菌病毒。目前已发现大肠杆菌、乳酸菌、赤痢菌、沙门氏杆菌、霍乱菌、葡萄球菌、结核菌、放线菌等多数细菌的噬菌体。噬菌体长度多为 50～80 nm，可分为头部和尾部。噬菌体头部含有脱氧核糖核酸（DNA），可以支配遗传物质，使其对宿主菌株有选择特异性；尾部由蛋白质组成。噬菌体先附着宿主细菌，然后再侵入该菌体内增殖，当其成熟生成多数新噬菌体后，即将新噬菌体放出，并产生溶菌作用。

对牛乳、乳制品的微生物而言，最重要的噬菌体为乳酸菌噬菌体。作为干酪或酸乳菌种的乳酸菌有被其噬菌体侵袭的情形发生，以至造成乳品加工中的损失。

(4)微生物检验内容

①微生物学检验的范围

a. 生产环境的检测　生产环境的微生物学检验，主要包括对空气、墙壁、地面和生产用水的检验。

b. 原辅料及包装物的检验　原辅料及包装物的微生物学检验包括对原料、辅料、添加剂、包装物等的检验。

c. 乳品加工、储藏、销售环节的检验　包括对生产人员的卫生状况、乳品储存设备、加工设备及加工器具、运输工具等的微生物学检验。

d. 乳品的检验　乳品微生物学检验包括对半成品、成品的检验，重点是对可疑乳品的检验。

②微生物学检验的指标

a. 菌落总数　细菌菌落总数是反映乳品的新鲜度、被细菌污染的程度及在加工过程中细菌繁殖动态的一项指标，是判断乳品卫生质量的重要依据。

b. 大肠菌群数　大肠菌群是肠道中普遍存在而且数量最多的一群细菌，常将其作为人畜粪便污染的指标，也是评价乳品卫生质量的重要依据。

c. 致病菌　致病菌是一类能引发人和动物疾病的细菌，致病菌严重危害人们的生命健康，并能造成重大经济损失。它是评价乳品卫生安全的重要指标，乳品中常见的致病菌有：沙门氏菌、志贺氏菌、金黄色葡萄球菌等。

3. 误差和数据处理

(1)误差及其分类　误差是指实际观察值与客观真值之差、样本指标与总体指标之差。误差可分为系统误差和随机误差。

①系统误差　这种误差是人机系统产生的误差，是由一定原因引起的，在相同条件下多次重复测量同一物理量时，使测量结果总是朝一个方向偏离，其绝对值大小和符号保持恒定，或按一定规律变化，因此有时称之为恒定误差。

系统误差主要由下列原因引起：

a. 仪器误差　由于测量工具、设备、仪器结构上不完善；电路的安装、布置、调整不得当；仪器刻度不准或刻度的零点发生变动；样品不符合要求等原因所引起的误差。

b.人为误差　由观察者感官的最小分辨力和某些固有习惯引起的误差。例如:由于观察者感官的最小分辨力不同,在测量玻璃软化点和玻璃内应力消除时,不同人观测就有不同的误差。某些人的固有习惯,例如:在读取仪表读数时总是把头偏向一边等,也会引起误差。

c.外界误差　外界误差也称环境误差,是由于外界环境(如温度、湿度等)的影响而造成的误差。

d.方法误差　由于测量方法的理论根据有缺点;或引用了近似公式;或实验室的条件达不到理论公式所规定的要求等造成的误差。

e.试剂误差　在材料的成分分析及某些性质的测定中,有时要用一些试剂,当试剂中含有被测成分或含有干扰杂质时,也会引起测试误差,这种误差称为试剂误差。

一般地说,系统误差的出现是有规律的,其产生原因往往是可知的或可掌握的。只要仔细观察和研究各种系统误差的具体来源,就可设法消除或降低其影响。

②随机误差　这类误差是由不能预料、不能控制的原因造成的。例如:实验者对仪器最小分度值的估读,很难每次严格相同;测量仪器的某些活动部件所指示的测量结果,在重复测量时很难每次完全相同,尤其是使用年久的或质量较差的仪器时更为明显。

无机非金属材料的许多物化性能都与温度有关。在实验测定过程中,温度应控制恒定,但温度恒定有一定的限度,在此限度内总有不规则的变动,导致测量结果发生不规则的变动。此外,测量结果与室温、气压和湿度也有一定的关系。由于上述因素的影响,在完全相同的条件下进行重复测量时,使得测量值或大或小,或正或负,起伏不定。这种误差的出现完全是偶然的,无一定规律性,所以有时称之为偶然误差。

③过失误差　过失误差,也叫错误,是一种与事实不符的显然误差。这种误差是由于实验者粗心,不正确地操作或测量条件突

然变化所引起的。例如：仪器放置不稳，受外力冲击产生毛病；测量时读错数据、记错数据；数据处理时单位搞错、计算出错等。显然，过失误差在实验过程中是不允许的。

（2）消除误差的方法　要提高分析结果的准确度，必须考虑在分析过程中可能产生的各种误差，并采取有效措施将这些误差降到最低。

①选择合适的分析方法　各种分析方法的准确度是不同的。化学分析法对高含量组分的测定能获得准确和较满意的结果，相对误差一般在千分之几。而对低含量组分的测定，化学分析法就达不到这个要求。仪器分析法虽然误差较大，但灵敏度高，可以测出低含量组分。在选择分析方法的时候，一定要根据组分含量及其对准确度的要求，在可能条件下选最佳分析方法。

②增加平行测定的次数　通过增加测定次数可以减少随机误差。在一般分析工作中，测定次数为2～4次。

③做空白试验　做空白试验，是指在不加试样的情况下，按试样分析规程在同样操作条件下进行的分析，所得结果的数值称为空白值。计算时从试样结果中减去空白值可得到比较可靠的分析结果。

④仪器校正　具有准确体积和质量的仪器，如滴定管、移液管、容量瓶和电子天平等，都应该定期进行校正，以消除仪器不准所引起的系统误差。

⑤对照试验　对照试验就是用同样的分析方法在同样的条件下，用标准样品代替试样进行的平行测定。将对照的试验的测定结果与标准样品的已知含量相比，对被测样品的测定结果进行校正，消除系统误差。

（3）有效数字　食品理化检验中直接或间接测定的量，一般都用数字表示，但与数学中的“数”不同，它仅表示量度的近似值。为了取得准确的分析结果，不仅要准确测量，而且还要正确记录与计算。所谓正确记录是指记录数字的位数。因为数字的位数不仅表示数字的大小，也反映测量的准确程度。

①运算规则

a. 除有特殊规定之外，一般可疑数表示末位1个单位的误差。

b. 复杂运算时，其中间过程多保留一位有效数，最优结果须取应有的位数。

c. 加减法计算的结果，其小数点以后保留的位数，应与参加运算各数中小数点后位数最少的相同。

d. 乘除法计算的结果，其有效数字的保留位数，应与参加运算各数中有效数字位数最少的相同。

e. 方法测定中按仪器准确度确定了有效数的位数后，先进行运算，运算后的数值再修约。

②数字修约规则　我国科学技术委员会正式颁布的《数字修约规则》，通常称为“四舍六入五成双”法则。“四舍六入五”，即当尾数≤4时舍去，尾数为6时进位。当尾数4舍为5时，则应是末位数是奇数还是偶数，5前为偶数应将5舍去，5前为奇数应将5进位。

这一法则的具体运用如下：

a. 将28.175和28.165处理成4位有效数字，则分别为28.18和28.16。

b. 若被舍弃的第一位数字大于5，则其前一位数字加1，例如：28.264 5处理成3位有效数字时，其被舍去的第一位数字为6，大于5，则有效数字应为28.3。

c. 若被舍去的第一位数字等于5，而其后数字全部为零时，则视被保留末位数字为奇数或偶数(零视为偶)而定进或舍，末位数是奇数时进1，末位数为偶数时不进1，例如：28.350、28.250、28.050处理成3位有效数字时，分别为28.4、28.2、28.0。

d. 若被舍弃的第一位数字为5，而其后的数字并非全部为零时，则进1，例如：28.250 1，只取3位有效数字时，成为28.3。

e. 若被舍弃的数字包括几位数字时，不得对该数字进行连续修约,而应根据以上各条作一次处理。例如:2.154 546 ,只取 3 位有效数字时,应为 2.15,而不得按下法连续修约为 2.16,2.154 546→2.154 55→2.154 6→2.155→2.16。

(二)实验室安全

1.实验室安全操作

(1)药品的安全知识

①化学药品的储存　化学药品应放在药品储藏柜或储藏室中。储存时应避免阳光照射、室温过高致使试剂变质。室内应干燥通风,严禁明火。

a.试剂分类　固体试剂:主要包括盐类及氧化物、碱类、指示剂和有机试剂;液体试剂:主要包括酸类和有机溶剂。

b.试剂的存放管理　固体试剂和液体试剂应分开存放,所有试剂应造册登记,以便查找。

自己配制的试剂溶液,应根据试剂的性质及用量盛装于有塞的试剂瓶中,见光易分解的试剂应装入棕色瓶中,需滴加的试剂及指示剂装入滴瓶中,整齐排列于试剂架上。配制的试剂必须贴上标签,并注明溶液名称和配置日期,试剂瓶的标签大小应与瓶子大小相称,书写要清楚,标签应贴在试剂瓶的中上部,应经常擦拭试剂瓶以保持清洁,过期失效的试剂应及时更换。

②危险药品的分类及管理

a.危险药品的分类

易燃类:易燃类液体极易挥发成气体,遇明火即燃烧,如乙醚、汽油、二硫化碳、丙酮、苯、乙酸乙酯等。

剧毒类:专指由消化道侵入极少量即能引起中毒致死的试剂。生物试验半致死量在 50 mg/kg 以下者称为剧毒物品,如氰化钾、氰化钠及其他剧毒氰化物,三氧化二砷及其他剧毒砷化物,二氯化汞及其他极毒汞盐,硫酸二甲酯,某些生物碱和毒苷等。

强腐蚀类：指对人体皮肤、黏膜、眼、呼吸道和物品等有极强腐蚀性的液体和固体（包括蒸气），如发烟硫酸、硫酸、发烟硝酸、盐酸等。

燃爆类：这类试剂中，遇水反应十分猛烈发生燃烧爆炸的有钾、钠、锂、钙、氢化锂铝、电石等。钾和钠应保存在煤油中。试剂本身就是炸药或极易爆炸的有硝酸纤维、苦味酸、三硝基甲苯、三硝基苯、叠氮或重氮化合物、雷酸盐等，要轻拿轻放。与空气接触能发生强烈的氧化作用而引起燃烧的物质如黄磷，应保存在水中，切割时也应在水中进行。引火点低，受热、冲击、摩擦或与氧化剂接触能急剧燃烧甚至爆炸的物质，有硫化磷、赤磷、镁粉、锌粉、铝粉、萘、樟脑。

强氧化剂类：这类试剂是过氧化物或含氧酸及其盐，在适当条件下会发生爆炸，并可与有机物、镁、铝、锌粉、硫等易燃固体形成爆炸混合物。这类物质中有的能与水起剧烈反应，如过氧化物遇水有发生爆炸的危险。属于此类的有硝酸铵、高氯酸、高氯酸钾、重铬酸钾及其他铬酸盐、高锰酸钾及其他高锰酸盐、氯酸钾、过硫酸铵及其他过硫酸盐、过氧化钠、过氧化钾、过氧化钡等。

放射性类一般化验室不可能有放射性物质。化验操作这类物质需要特殊防护设备和知识以保护人身安全，并防止放射性物质的污染与扩散。

b.危险药品的安全储存要求　危险药品储藏柜或储藏室应干燥、避光、通风良好。易燃类试剂要求单独存放于阴凉通风处，存放温度为－4～4℃，存放最高室温不得超过 30℃，特别要注意远离火源。

剧毒类试剂要置于阴凉干燥处，与酸类试剂隔离。应锁在专门的毒品柜中，建立双人登记签字领用制度。建立使用、消耗、废物处理等制度。皮肤有伤口时，禁止操作这类物质。

强腐蚀类药品存放处要求阴凉通风，并与其他药品隔离放置。应选用抗腐蚀性的材料，如耐酸水泥或耐酸陶瓷制成架子来放置这类药品。料架不宜过高,也不要放在高架上,最好放在地面靠墙处,以保证存放安全。

燃爆类试剂要求存放室内温度不超过 30℃,与易燃物、氧化剂均须隔离存放。试剂置于消防沙中,加盖,万一出事不致扩大事态。

强氧化类药品存放处要求阴凉通风,最高温度不得超过30℃。要与酸类以及木屑、炭粉、硫化物、糖类等易燃物、可燃物或易被氧化物(即还原性物质)等隔离,堆垛不宜过高过大,注意散热。

实验室及库房中应准备好消防器材,管理人员必须具备防火灭火知识。

(2)有毒废弃物的处理

①废酸、废碱液应集中收集起来,通过加碱或酸进行中和处理排放,残渣埋于地下。

②容易挥发的有毒危险药品和少量有毒气体实验,必须在通风柜内操作,通过排风设备将少量有毒气体排出室外,以免污染实验室空气;产生毒气量大的实验必须备有尾气吸收或处理装置,可用导管通入碱液中,使其大部分吸收后再排出室外,严禁环境污染。

③含重金属离子的废弃物,应统一收集,经加碱、碳酸盐、硫化物等使金属离子沉淀后深埋于地下。

(3)安全操作守则

①禁止在实验室内吸烟及吃东西,不准用试验器皿作茶杯或餐具,不得用嘴尝味道的方法来鉴别未知物。

②实验室内的每瓶试剂,必须贴有明显的与试剂相符的标签,并标明试剂名称及浓度。

③稀释硫酸时,必须在硬质耐热烧杯或锥形瓶中进行,只能将浓硫酸慢慢注入水中,边倒边稀释,温度过高时,应冷却或降温后再继续进行,严禁将水倒入硫酸。

④开启易挥发的试剂瓶(例如:乙醚、丙酮、浓盐酸、浓氨水等)时,尤其是在夏季或室温较高时,应先经流水冷却后盖上湿布再打开,切不可将瓶口对着自己或他人,以防气液冲出发生事故。

⑤易燃溶剂加热时,必须在水浴或沙浴中进行,避免明火。

⑥装过强腐蚀性、可燃性、有毒或易爆物品的器皿,应由操作者亲自洗净。

⑦移动、开启大瓶液体药品时,不能将瓶直接放在水泥地板上,最好用橡皮布或草垫垫好,若为石膏包封的,可用水泡软后再打开,严禁锤砸,敲打,以防破裂。

⑧取下正在沸腾的溶液时,应用瓶夹先轻摇动后再取下,以免溶液溅出伤人。

⑨将玻璃棒、玻璃管、温度计等插入或拔出胶塞、胶管时均应垫有棉布,且不可强行插入或拔出,以免折断刺伤人。

⑩开启高压气瓶时,应缓慢,并不得将出口对人。

⑪禁止用火焰在煤气管道上寻找漏气。

⑫配制药品或试验中放出有毒和腐蚀性气体时,应在通风橱中进行。

⑬用电应遵守安全用电规程。

⑭化验室中应备有急救药品、消防器材和劳保用品。

⑮要建立安全员制度和安全登记卡,健全岗位责任制,每天下班前应检查水、电、煤气、窗、门等,确保安全。

2. 实验室用电常识

(1)实验室仪器设备用电常识

①实验室内不得有裸露的电线,闸刀开关应完全合上或断开,以防接触不好产生火花进而引起易燃物的爆炸。拔下插头时,要用手捏住插头再拔,不得只拉电线。

②电器插座应使用三脚插座;电线容量正确,贵重仪器应配备熔丝;总用电量不能超出总负荷。

③电器上各插头有标志。

④移动电器前,必先关闭所有开关。

⑤在桌面上供电的电压应在 12 V 以下。

(2)用电安全知识　违章用电常常会造成人员伤亡、火灾、损坏仪器设备等严重事故。乳品检验室常使用电器较多,因此特别要注意安全用电。

①防止触电　不用潮湿的手接触电器。损坏电线要及时更换,不要修补或用绝缘胶布缠绕后再继续使用。安装电器及插座应由有经验的电工安装,所有电器的金属外壳都应保护接地。实验时,应先接好电路后再接通电源;实验结束时,先切断电源再拆线路。修理或安装电器时,应先切断电源。如有人触电,应迅速切断电源,然后进行抢救。

②防止引起火灾　实验室应装有总开关,便于在必要时切断全室电源。使用的熔丝要与实验室允许的用电量相符。电线的安全通电量应大于用电功率。室内若有煤气等易燃、易爆气体,应避免产生电火花;继电器工作和开关电闸时,易产生电火花,要特别小心。电器接触点接触不良时,应及时修理或更换。如遇电线起火,立即切断电源,用沙土或二氧化碳、四氯化碳灭火器灭火,禁止用水或泡沫灭火器等导电液体灭火。

③防止短路　插座或开关不要装在水管附近。线路中各接点应牢固,电路元件两端接头不要相互接触,以防短路。电线电器不要被雨淋湿或浸在导电液体中。

测　试　题

一、填空题

1. 系统误差又称________,往往是由不可避免的因素造成的。

2. 稀释硫酸时,只能将________缓慢倒入________中。

3. 方法误差又称________误差,是由测定方法本身造成的误差,或是由于测定所依据的原理本身不完善而导致的误差。

4. 国际单位制中体积的单位是________,物质的量的单位是________。

5.2 mol 水的质量为________kg。

6.酸碱反应也叫作________,它是酸跟碱起作用生成________和________的反应。

二、选择题

1.酵母属于(   )。

A.原核生物　　B.真核生物　　C.非细胞生物

2.国际单位制中质量的单位名称是(   )。

A.吨　　B.千克　　C.克

3.芽孢杆菌能形成(   ),故杀菌处理后,仍残存在乳中。

A.耐热性芽孢　　B.鞭毛　　C.菌丝体

4.乳中常见的低温菌是(   )。

A.芽孢杆菌　　B.乳酸菌　　C.假单胞菌

5.反映乳品的新鲜度和被细菌污染的程度的微生物指标是(   )。

A.菌落总数　　B.大肠菌群　　C.致病菌

三、简答题

1.危险化学品有哪些储存要求?

2.消除误差有哪几种方法?

测试题参考答案

1. 填空题:1.可测误差或恒定误差　2.浓硫酸　水　3.理论误差　4.升　摩尔　5.0.036　6.中和反应　盐水

2. 选择题:1.B　2.B　3.A　4.C　5.A

三、乳与乳制品基础知识

(一)生鲜乳

1.乳的概念及分类

乳是哺乳动物分娩后由乳腺分泌的一种白色或微黄色的不透明液体。它含有幼畜生长发育所需要的全部营养成分,是哺乳动物出生后最适于消化吸收的绝佳食物。乳主要有以下几种分类方法:

(1)按乳的来源分类　按乳的来源可将乳分为牛乳、羊乳、马乳、骆驼乳、水牛乳等。

(2)按乳的分泌时间分类　按乳的分泌时间可将乳分为:初乳、常乳和末乳3类。

(3)按乳的加工性质分类　在乳品加工中,通常按乳的加工性质将乳分为正常乳和异常乳两大类。

通常所讲的乳一般是指正常乳,它的化学组成和性质都比较稳定,是乳品加工业的主要原料。

正常乳的成分和性质基本稳定,但当奶牛收到疾病、气温以及其他各种因素的影响时,乳的成分和性质往往发生变化,这种乳称作为异常乳,不适于加工乳制品。异常乳按照产生原因分为以下几类:

①生理异常乳　生理异常乳主要是指初乳和末乳。

②微生物污染乳　原料乳被微生物严重污染产生异常变化,而成为微生物污染乳。最常见的微生物污染乳是酸败乳及乳腺炎乳。乳腺炎乳及其他致病菌污染乳对人体是有危害的。

③化学异常乳　化学异常乳可包括低成分乳、低酸度酒精阳性乳、冻结乳、风味异常乳及异物异常乳，它们的成分或理化性质有了不正常的变化。

a. 低成分乳　低成分乳是由于奶牛品种、饲养管理、营养素配比、高温多湿及病理等因素的影响而产生的乳固体含量过低的牛乳。这主要要从加强育种改良及饲养管理等方面来加以改善。

b. 低酸度酒精阳性乳　低酸度酒精阳性乳是指酸度虽正常但发生了酒精凝固的异常乳。由于代谢障碍、气候剧变、喂饲不当等复杂的原因，引起的牛乳盐类平衡或胶体体系的不稳定，可能是低酸度酒精阳性乳造成的。

c. 风味异常乳　影响牛乳风味的因素很多。风味异常主要有通过机体转移或从空气中吸收而来的饲料臭，由酶作用而产生的脂肪分解臭，挤乳后从外界污染或吸收的气味或金属臭等。

为了解决风味异常问题，主要应改善牛舍与牛体卫生，保持空气新鲜畅通，注意防止微生物等的污染。

d. 异物混杂乳　异物混杂乳中含有随摄取饲料而经机体转移到乳中的污染物质或有意识地掺杂到原料乳中的物质。

2. 乳的物理性质

(1)乳的分散体系　乳中含有多种化学成分，其中水是分散剂，其他各种成分如脂肪、蛋白质、乳糖、无机盐等呈分散质分散在水中，形成一种复杂的具有胶体特性的生物学液体分散体系。牛乳中的脂肪在常温下呈液态的微小球状分散在乳中，牛乳的脂肪球为乳浊液的分散质。分散在牛乳中的酪蛋白颗粒，以乳胶体状态存在于乳中。乳糖、钾、钠、柠檬酸盐和部分磷酸盐以分子或离子形式存在于乳中。

(2)乳的相对密度　乳的相对密度是指乳在 20℃时的质量与同体积 4℃水的质量之比，正常牛乳的相对密度为 1.028～1.032。乳的相对密度受多种因素的影响，如乳的温度、脂肪含量、非脂乳固体含量、是否掺假等。乳的相对密度受乳温度的影响较大，温度升高则测定值下降，温度下降则测定值升高。在 10～30℃时，乳的温度每升高或降低 1℃，实测值减少或增加 0.000 2。因此，在测定乳的相对密度时，必须同时测定乳的温度，通过校正获得最终的相对密度。

乳脂肪的密度较低，所以乳脂肪含量越高，则乳的相对密度越低；与此相反，非脂乳固体的密度较大，所以非脂乳固体含量越高，则乳的相对密度越高。

乳的相对密度在挤乳后 1 h 内最低，其后逐渐上升，这是由于气体的逸散、蛋白质的水合作用及脂肪的凝固使容积发生变化的结果，故不宜在挤乳后立即测试乳的相对密度。

在乳中掺入固形物，往往会使乳的相对密度升高；而在乳中掺水则会使乳的相对密度下降，因此，在乳的验收过程中通过测定乳的相对密度可以判断原料乳是否掺水。

(3)酸度　乳品工业中酸度是指以标准碱液用滴定法测定的滴定酸度。滴定酸度主要用乳酸度(°T)表示。刚挤出的新鲜乳的乳酸度为 16～18°T。乳的酸度主要由乳中的蛋白质、柠檬酸盐、磷酸盐及二氧化碳等酸性物质所造成，也成固有酸度或自然酸度。

乳在微生物的作用下发酵乳糖产生乳酸，导致乳的酸度逐渐升高。由于发酵产酸而升高的这部分酸度称为发酵酸度。固有酸度和发酵酸度之和称为总酸度。

(4)乳的热力学性质

①乳的冰点　牛乳的冰点一般－0.565～－0.525℃，平均为－0.540℃。牛乳中的乳糖和盐类是导致冰点下降的主要因素。正常的牛乳，其乳糖及盐类的含量变化很小，所以冰点很稳定。在乳中掺水可使乳的冰点升高，因此可根据冰点测定结果来判定乳中是否掺水。

酸败乳的冰点会降低，所以测定冰点时要求牛乳的酸度必须在 20°T 以内。

②乳的沸点　牛乳的沸点在1个标准大气压下（1.013 5×10^5 Pa）为100.55℃。乳的沸点受其固形物含量的影响，浓缩到原体积1/2时，沸点将上升到101.05℃。

③乳的比热容　牛乳的比热容取决于各成分比热容。牛乳中主要成分的比热容见表4。

表4　牛乳中主要成分的比热容　kJ(kg·K)

主要成分	乳蛋白	乳脂肪	乳糖	盐类
比热容	2.09	2.09	1.25	2.93

可根据上表数据及乳中各成分的百分比含量计算得出各类乳制品的比热容。

3.牛乳的成分

牛乳的化学成分很复杂，至少有100多种，主要包括：水87.5%，脂肪3.5%，蛋白质3.4%，乳糖4.6%，无机盐0.7%。

（1）水　在乳中水分是由血液及淋巴液直接透过乳腺细胞而来，既是盐类、乳糖的溶剂，又是脂肪球、蛋白质的分散介质。牛乳中所含有的水分绝大部分以游离状态存在，成为乳的胶体体系的分散介质。也有极少部分水分是同蛋白质结合存在的，称为结合水。在乳糖结晶时和乳糖晶体一起存在的称为结晶水。

（2）脂肪　脂肪为乳中最主要成分之一，其含量与牛乳的风味或性质有很大关系。乳脂的成分可分为2类：一类为可溶性脂肪；另一类为难溶性脂肪。属于可溶性者，又都有挥发性，如丁酸、己酸、辛酸和癸酸等。属于难溶性者，又都为非挥发性，如油酸、硬脂酸等。

牛乳中脂肪的含量，与牛种、个性、年龄、泌乳期、挤乳时间有关，乳脂肪以脂肪球的状态分散于乳浆中，脂肪球呈圆形或椭圆形。其直径平均为3 μm。1 mL牛乳中脂肪球数目为（2×10^9）～（4×10^9）个，小脂肪球多于大脂肪球，大脂肪球较小脂肪球更易上浮形成乳皮。牛乳中除去大部分脂肪后为脱脂乳。

(3)蛋白质　牛乳中的含氮物质除游离氨基酸、尿素、肌酸、嘌呤等非蛋白态氮外,95%是蛋白质。乳蛋白主要包括:酪蛋白、乳清蛋白及少量的脂肪球膜蛋白质。它是牛乳中的主要营养成分,含有人体必需的氨基酸,是一种全价的蛋白质。其中酪蛋白占了牛乳蛋白质的80%。

①酪蛋白　酪蛋白不是单一的蛋白质,它是由一类在构造和性质上相类似的蛋白质组成的。酪蛋白是白色、无味、无嗅的物质。相对密度为1.25～1.31。不溶于水、酒精及有机溶剂,但溶于碱溶液。另外,酸、许多盐类、凝乳酶、酒精和加热能使其凝固。酸度高的牛乳其酪蛋白易因酒精的作用引起沉淀,因此,在生产中常利用这一性质来检查原料乳的质量。

②乳清蛋白　乳在pH 4.6时酪蛋白等电沉淀后余下的蛋白质统称为乳清蛋白,占全乳的18%～20%。乳清蛋白不同于酪蛋白,其粒子的水合能力强、分散性高,在乳中呈高分子状态。乳清蛋白中的α-乳白蛋白、β-乳球蛋白、血清白蛋白是对热不稳定的蛋白质,约占乳清蛋白的80%(热不稳定性)。当乳清煮沸20 min,pH 4.6时,这些蛋白质便产生沉淀。乳白蛋白富含硫,约是酪蛋白的2.5倍,但不含磷,加热时易产生硫化氢,使乳产生蒸煮臭。而乳清蛋白中的是胨、胨类则对热很稳定。乳清蛋白质含有许多人体必需的氨基酸,且易被人体消化吸收,更适于婴儿食用。因此,乳清粉(蛋白)常被用作食品添加剂来生产婴儿乳粉等食品。

③脂蛋白　脂蛋白是蛋白质和磷脂的复合物,被吸附在脂肪球的表面,在脂肪球周围形成稳定的薄膜。从而使牛乳乳浊液趋于稳定。

此外,牛乳中还存在少量的蛋白质以外的非蛋白态氮素化合物,其含量仅为牛乳全氮量的5%。

(4)乳糖　乳糖存在于哺乳动物的乳中,乳的甜味主要由乳糖引起,其甜度约为蔗糖的1/5。乳糖是双糖,牛乳中含4.5%～5.0%乳糖,在乳中几乎全部呈溶液状态。乳糖为牛乳和乳制品的营养来源之一，而且在发酵乳制品中充当重要的角色。

乳糖溶解度比蔗糖小，它随着温度的升高而增高。甜炼乳的乳糖大部分呈结晶状态，结晶的大小可以根据乳糖的溶解度与温度的关系加以控制。

乳糖的甜度仅为蔗糖的 1/6～1/5，但甜度柔和。半乳糖能促进婴儿智力的发育，乳糖能促进肠内乳酸菌的生长而产生乳酸，有利于婴儿对钙及其他无机盐类的吸收，故在婴儿食品中添加平衡乳糖具有特殊的意义。此外，乳糖还能促进人体肠道内乳酸菌的生长，抑制肠内异常发酵造成的中毒，保证肠道健康。一部分人随着年龄增长，消化道内缺乏乳糖酶，不能分解和吸收乳糖，饮用牛乳后会出现呕吐、腹胀、腹泻等不适应症，称为乳糖不耐症。在乳品加工中利用乳糖酶将乳中的乳糖分解为葡萄糖和半乳糖，或利用乳酸菌将乳糖转化成乳酸，可预防乳糖不耐症。

(5)矿物质　牛乳中的无机物也称矿物质，为乳中不可缺少的成分，牛乳中矿物质的平均含量为 0.7％。主要是钾、钙、磷、硫、氯及其他微量成分。其数量随泌乳期、饲料及个体健康状况等而有差异。其中钠、钾、氯呈溶液状态，钙、镁、磷则一部分呈溶液状态，一部分呈悬浊状态。无机成分在加工上对牛乳的稳定性起着重要的作用。牛乳中的钙、镁与磷酸盐、柠檬酸盐之间保持适当的平衡，是保持牛乳热稳定性的必需条件。如果钙、镁含量过高，牛乳在较低温度下就产生凝聚，这时加入磷酸盐或柠檬酸盐就可防止牛乳凝固。生产炼乳时常用磷酸盐或柠檬酸盐作稳定剂。另外，乳中的无机成分加热后可溶性变成不溶性，在接触乳的器具表面形成一层乳垢，它会影响热的传导和杀菌效率。

乳与乳制品的营养价值，在一定程度上受矿物质的影响，以钙而言，牛乳是人体钙的最佳来源，因为牛乳中的钙在体内极易吸收，远比其他各类食物中的钙吸收率高，而且钙磷比例非常适当，也利于钙的吸收，是促进青少年骨骼、牙齿发育的理想营养食品。

(6)维生素　牛乳中含有几乎所有已知的维生素，包括：脂溶性维生素 A、维生素 D、维生素 E、维生素 K 和水溶性的维生素 B_1、维生素 B_2、维生素 B_6、维生素 B_{12}、维生素 C 等。以维生素 B_2 最为丰富，维生素 D 也有少量，维生素 E 则极少。在加工过程中，牛乳中的维生素会遭到一定程度破坏而损失。

(二)乳制品的分类

乳制品分类方式很多，按产品状态可分为：固体乳制品、半固体乳制品、液体乳制品；按货架期可分为：常温储存产品、低温储存产品；按工艺可分为：巴氏杀菌乳、灭菌乳、酸乳、乳粉、乳油等。下面主要介绍按工艺的分类：

1.巴氏杀菌乳

巴氏杀菌乳是指以牛乳或羊乳为原料，经巴氏杀菌制成的液体产品。按原料的成分可将巴氏杀菌乳分为以下 3 类：

①全脂巴氏乳　全脂巴氏乳指以牛乳或羊乳为原料，经巴氏杀菌制成的液体产品。

②部分脱脂乳　部分脱脂乳指以牛乳或羊乳为原料，脱去部分脂肪，经巴氏杀菌制成的液体产品。

③脱脂巴氏乳　脱脂巴氏乳指以牛乳或羊乳为原料，脱去全部脂肪，经巴氏杀菌制成的液体产品。

2.灭菌乳

以生鲜牛(羊)乳或复原乳为主要原料，添加或不添加辅料，经灭菌制成的液体产品，由于生鲜乳中的微生物全部被杀死，灭菌乳不需冷藏，常温下保质期 1～8 个月。

(1)按照加工工艺分类

①保持灭菌乳　指以牛乳(或羊乳)或复原乳为主料，经杀菌罐装后再进行保持灭菌(115～120℃，20 min)制成的产品。

②超高温灭菌乳　简称 UHT 乳，指以牛乳(或羊乳)或复原

乳为主料，经超高温灭菌（137～141℃，3～5 s）、无菌罐装或保持灭菌制成的产品。

(2)按照是否添加辅料分类

①灭菌纯牛乳　指以牛乳（或羊乳）或复原乳为原料，脱脂或不脱脂，不添加辅料，经超高温瞬时灭菌、无菌罐装或保持灭菌制成的产品。

按照脂肪含量的高低又可分为：全脂灭菌纯牛（羊）乳、部分脱脂灭菌纯牛（羊）乳和脱脂灭菌纯牛（羊）乳。

②灭菌调味乳　指以牛乳（或羊乳）或复原乳为原料，脱脂或不脱脂，添加辅料，经过超高温瞬时灭菌、无菌罐装或保持灭菌制成的产品。

按脂肪含量的高低又可分为：全脂灭菌调味乳、部分脱脂灭菌调味乳和脱脂灭菌调味乳。

3.酸乳

以生鲜牛乳或复原乳为主要原料，添加或不添加辅料，使用保加利亚乳杆菌、嗜热链球菌的菌种发酵制成的产品。

(1)按照加工工艺分类

①凝固型酸乳　指以牛乳或复原乳为主料，添加保加利亚乳杆菌、嗜热链球菌的菌种发酵制成的产品。

②搅拌型酸乳　指以牛乳或复原乳为主料，添加保加利亚乳杆菌、嗜热链球菌的菌种发酵后再进行搅拌制成的半流体产品。

(2)按照添加的辅料分类

①纯酸牛乳　指以牛乳或复原乳为原料，脱脂、部分脱脂或不脱脂，经发酵制成的产品。

②调味酸牛乳　指以牛乳或复原乳为原料，脱脂、部分脱脂或不脱脂，添加食糖、调味剂等辅料，经发酵制成的产品。

③果料酸牛乳　指以牛乳或复原乳为原料，脱脂、部分脱脂或不脱脂，添加天然果料等辅料，经发酵制成的产品。

4.乳粉

以生鲜牛(羊)乳为主要原料,添加或不添加辅料,经杀菌、浓缩、喷雾干燥制成的粉状产品。

(1)全脂乳粉　全脂乳粉是将鲜乳浓缩除去70%~80%水分后,经喷雾干燥或热滚筒法脱水制成。喷雾干燥法所制乳粉粉粒小,溶解度高,无异味,营养成分损失少,营养价值较高。热滚筒法生产的乳粉颗粒较大不均,溶解度小,营养素损失较多,一般全脂乳粉的营养成分为鲜乳的8倍左右。由于脂肪含量高,易被氧化,在室温下只能保藏3个月。

(2)脱脂乳粉　脱脂乳粉是将鲜乳脱去脂肪,再经上述方法制成的乳粉。此种乳粉含脂肪仅为1.3%,脱脂过程使脂溶性维生素损失较多,其他营养成分变化不大。脱脂乳粉一般供腹泻婴儿及需要少油膳食的患者食用。

(3)配方乳粉　配方乳粉针对不同人群的营养需要,以生鲜乳或乳粉为主要原料,去除了乳中的某些营养物质或强化了某些营养物质(也可能二者兼而有之),经加工干燥而成的粉状产品,配方乳粉的种类包括婴儿、老年及其他特殊人群需要的乳粉。

5.炼乳

(1)淡炼乳　以乳和(或)乳粉为主要原料,添加或不添加食品添加剂、食品营养强化剂,经杀菌、浓缩,制成的黏稠态液体产品。根据脂肪的高低可分为高脂淡炼乳、全脂淡炼乳、部分脱脂淡炼乳、脱脂淡炼乳。

(2)加糖炼乳　以乳和(或)乳粉、白砂糖为原料,添加或不添加食品添加剂、食品营养强化剂,经杀菌、浓缩,制成的黏稠态液体产品。根据脂肪的高低可分为高脂加糖炼乳、全脂加糖炼乳、部分脱脂加糖炼乳、脱脂加糖炼乳。

(3)调制炼乳　以乳和(或)乳粉为主料,添加辅料,经杀菌、浓缩,制成的黏稠态液体产品。根据是否加糖可分为调制淡炼乳和调制加糖炼乳。

6.干酪

干酪是一类富含乳蛋白质、乳脂肪、氨基酸、肽、胨、多种维生素、钙、磷等营养物质，比原乳更容易被人体吸收，具有特殊风味，组织状态细密的乳制品。

干酪是以乳和(或)乳制品为原料，添加或不添加辅料，经杀菌、凝乳、分离或不分离乳清、发酵或不发酵加工制成的成熟或不成熟的产品。

①按非脂物质水分含量分为软质干酪、半硬质干酪、硬质干酪和特硬质干酪四大类。

②按脂肪含量分为高脂干酪、全脂干酪、中脂干酪、部分脱脂干酪和脱脂干酪五大类。

7.含乳饮料

含乳饮料严格来说不属于乳制品范畴，其主要原料为水和牛乳。其营养价值低于液态乳类产品，蛋白质含量约为牛乳的1/3。但因其风味多样、味甜可口，受到儿童和青年的喜爱。

按照原料的不同可分为以下3种：

(1)配制型含乳饮料　以乳或乳制品为原料，加入水，以及白砂糖和(或)甜味剂、酸味剂、果汁、茶、咖啡、植物提取液等的一种或几种调制而成的饮料。

(2)发酵型含乳饮料　以乳或乳制品为原料，经乳酸菌等有益菌培养发酵制得的乳液中加入水，以及白砂糖和(或)甜味剂、酸味剂、果汁、茶、咖啡、植物提取液等的一种或几种调制而成的饮料，如乳酸菌乳饮料。根据是否经过杀菌处理而区分为杀菌(非活性)型和未杀菌(活性)型。

发酵型含乳饮料还可称为酸乳(乳)饮料、酸乳(乳)饮品。

(3)乳酸菌饮料　以乳或乳制品为原料，经乳酸菌发酵制得的乳液中加入水，以及白砂糖和(或)甜味剂、酸味剂、果汁、茶、咖啡、植物提取液等的一种或几种调制而成的饮料。根据其是否经过杀菌处理，可分为杀菌(非活性)型和未杀菌(活性)型。

8.乳油

(1)按原料分类

①新鲜乳油　用甜性稀乳油制成的乳油。

②发酵乳油　用酸性稀乳油制成的乳油。

(2)柑橘脂肪含量不同分类

①稀乳油　从乳中分离出的含脂肪部分，添加或不添加食品添加剂、食品营养强化剂。经加工制成脂肪含量较低的产品。

②乳油　以乳和(或)稀乳油中分离出的脂肪为原料，添加或不添加食品添加剂、食品营养强化剂。经加工制成脂肪含量较高的产品。

③无水乳油　以乳和(或)乳油或稀乳油中分离出的脂肪为原料，添加或不添加食品添加剂、食品营养强化剂。经加工制成的水分含量极低的产品。

测　试　题

一、单选题

1.乳腺炎乳属于(　　)。

A.生理异常乳　　B.病理异常乳

C.人为异常乳　　D.酸败乳

2.乳清蛋白是指溶解于乳清中的蛋白质，占乳蛋白质的(　　)。

A.10%～15%　　B.18%～20%

C.20%～30%　　D.30%～50%

3.牛乳中的乳糖含量大约为(　　)。

A.4.6%　　B.3.6%

C.5.6%　　D.6.6%

4.草莓酸奶属于(　　)。

A.纯酸牛乳　　B.调味酸牛乳

C.果料酸牛乳　　D.乳酸饮料

5. 芽孢杆菌能形成(　　),故杀菌处理后,仍残存在乳中。

A. 耐热性芽孢　　B. 鞭毛

C. 菌丝体　　D. 荚膜

6. 乳中常见的低温菌是(　　)。

A. 芽孢杆菌　　B. 乳酸菌

C. 假单胞菌　　D. 霉菌

7. 反映乳品的新鲜度和被细菌污染的程度的微生物指标是(　　)。

A. 菌落总数　　B. 大肠菌群

C. 致病菌　　D. 大肠杆菌

二、多选题

1. 牛乳的成分主要包括(　　)。

A. 水　　B. 脂肪和蛋白质

C. 乳糖　　D. 无机盐

2. 牛乳中的(　　)是导致冰点下降的主要因素。

A. 水　　B. 乳糖

C. 盐类　　D. 脂肪

3. 乳饮料根据原料的不同一般可分为(　　)。

A. 含乳饮料　　B. 乳酸菌饮料

C. 淡炼乳　　D. 甜炼乳

4. 炼乳可分为(　　)。

A. 淡炼乳　　B. 甜炼乳

C. 食用炼乳　　D. 乳饮料

5. 根据水分含量的高低,可将天然干酪分为(　　)四大类。

A. 硬质　　B. 半硬质

C. 软质　　D. 干酪

6. 牛乳中存在的微生物主要有(　　)。

A. 细菌　　B. 真菌

C. 噬菌体　　D. 支原体

三、判断题

1. 最常见的微生物污染乳是酸败乳及乳腺炎乳。(　　)

2. 乳脂肪的密度较低,所以乳脂肪含量越高,则乳的相对密度越高。(　　)

3. 含乳饮料指以牛乳或复原乳为原料,脱脂、部分脱脂或不脱脂,添加天然果料等辅料,经发酵制成的产品称为纯酸牛乳。(　　)

4. 牛乳的主要成分除了水外,还包括脂肪、蛋白质、乳糖和无机盐等。(　　)

5. 对牛乳、乳制品的微生物而言,最重要的噬菌体为乳酸菌噬菌体。(　　)

6. 牛乳中存在的微生物除了细菌外,不可能存在其他微生物。(　　)

测试题参考答案

1. 单项选择题:1. B　2. B　3. A　4. C　5. A　6. C　7. A

2. 多项选择题:1. ABCD　2. BC　3. AB　4. AB　5. ABCD　6. ABC

3. 判断题:1. √　2. ×　3. ×　4. √　5. √　6. ×

四、乳制品理化检验和标签检查

(一)器皿和试剂准备

1. 器皿

分析检验时常用的器皿有玻璃容器、塑料容器等。由于软质玻璃吸附力较强可能会吸附待测溶液中的某些离子,又会将钠离子等溶入待测的溶液中,因此做检验的玻璃容器应选用硬质玻璃,对于需要避光保存的试剂需要选用棕色瓶。有些试剂如强碱溶液能够腐蚀玻璃容器,所以对于贮存这些试剂的容器需要选用塑料瓶。

无论使用何种容器或器皿都必须保证洁净,因为各种污染都可能会对监测造成误差,尤其是在进行微量分析中,这种误差则更加显著。因此器皿必须洁净。比如在进行荧光分光光度仪测定物质时,如果容量瓶清洗的不洁净就会造成空白对照样本出现偏高现象。但是也要注意不能用去污粉洗擦玻璃器皿,以免造成表面毛糙,吸附离子或其他杂质。

通常化验室采用中性合成洗衣粉洗涤或浸泡器皿,下面将一些常用的洗涤剂配置和洗涤方法介绍如下:

(1)一些常用洗涤剂的配制

肥皂水洗液:可根据器皿洗涤时要求不同浓度而定。

洗衣粉洗液:用洗衣粉以热水配成浓溶液。

铬酸洗液:称取 100 g 工业用重铬酸钾,加水约 350 mL,加热溶解成饱和溶液后,徐徐加入浓硫酸至 1 000 mL。

碱性酒精洗液:用 95%酒精与 30%氧氧化钠溶液等体积混合

而成。

高锰酸钾与氢氧化钾洗液：称取 4 g 高锰酸钾溶于少量水中，然后加入 100 mL 10％氢氧化钠溶液。

0.5％草酸洗液：称取 5 g 草酸溶于 1 L 10％硫酸溶液中。

(1＋3)盐酸洗液：1 份盐酸与 3 份水混合而成。

王水：3 份盐酸和 1 份硝酸混合而成。

(2)器皿洗涤方法

新的玻璃器皿：先用自来水冲洗，晾干后用铬酸洗液浸泡，以除去不纯物质，然后用自来水冲洗干净。

带油垢的玻璃器：先用碱性酒精洗液洗涤，然后用洗衣粉洗液洗涤，再用自来水冲洗干净。

凡士林等油状物器皿：应将凡士林除去后，在洗衣粉洗液中烧煮，取出用水冲洗干净。

塑料器皿：可用(1＋3)硝酸洗液洗涤。

铁锈、钙盐等其他金属氧化物污染的器皿：用(1＋3)盐酸洗液洗涤。

瓷坩埚污物：先用水冲洗后用粗盐酸洗涤，或用盐酸煮沸洗涤。

铂坩埚污物：先用(1＋3)盐酸煮沸洗涤，如果不能洗涤干净时，可以加一些碳酸钠在高温电炉中在 600℃高温熔融，然后用自来水洗净。

玻璃砂芯滤器：可根据不同情况使用不同试剂减压抽洗干净。例如：沉淀物为脂肪类可用氯仿或四氯化碳抽滤，糖类用热酸、氨水抽滤，有机物质可用铬酸洗液浸泡过夜后抽滤洗涤。

比色器皿：一般用水冲洗后用稀盐酸洗涤。用自来水冲洗干净后，用乙醇除去残留水分。

2. 试剂

化学试剂分为四个级别，一级为优级纯，保证试剂，简称 GR，用做基准物质。二级试剂为分析纯，简称 AR 级，为常用试剂。三级为化学纯，简称 CP 级，作为一般要求较低的分析用。四级为实验试剂，简称 LR 级，纯度较低，分析中很少采用。试剂的纯度对各类物质的检验十分重要，试剂纯度不佳监测数据就不能保证测定结果的准确。如在做微量元素汞的测定中需要在样品处理时加入氧化剂高锰酸钾，如果高锰酸钾纯度不佳，里面存在汞等杂质，检验中经常出现结果误差。

在分析检验中使用试剂也要按不同的要求，在监测乳制品中铅的测定时，由于铅含量低，加上试剂中如果有铅的污染，因此铅的测定检测中所用试剂必须重新提纯。而测定乳粉中脂肪的快速方法使用的硫酸可以用工业品级的硫酸就可以了，不需要分析纯硫酸。

（二）理化检验样品制备

1. 乳样采集

（1）在乳品检测工作中乳样的采集是重要的第一步　首先采取的乳样应能够代表整批乳的特点，采样前必须用搅拌器在乳中充分搅拌，使乳品均匀一致，由于乳脂肪的密度较小，因此当乳静置后会分层，乳的上层较下层乳脂肪的含量高。

当乳表面上形成一层紧密乳油，应先将附着于容器上的脂肪刮下重新放入乳中，再行搅拌。如果乳脂肪已冻结，则必须使脂肪完全溶化后再搅拌。

（2）取样数量要取决于检查的内容　做乳全分析时用量较大，应取乳样 200～300 mL；只测定酸度和脂肪时可以采样 50 mL。采样可用 10 mm 直径的玻璃管或镀镍金属管，长度要大于盛乳容器，以利于全面采集到不同深度的乳。然后用大拇指紧紧掩住采样管上端的开口，把带有乳汁的管从容器内抽出，将采得的检样注入带有瓶塞的干燥而清洁的玻璃瓶中，并在瓶上贴上标签，注明样品名称、编号等。

根据不同乳制品性质的不同，采取的抽样方式也不同，不同的乳制品常用的抽样方式如下：

①酸牛乳取样要求　酸牛乳产品的采样应按生产批次分批取样，连续生产不能分别按批次者，则按生产日期分批。

产品应分批编号，按批号取样检验。同批次在 1 万瓶以下至少采样 2 瓶；1 万～5 万瓶每增加 1 万瓶增抽 1 瓶；5 万瓶以上每增加 2 万瓶增抽 1 瓶。所取样品应及时检验，否则应储存于温度为 2～10℃的冷库或冰箱内。

②乳粉取样要求　乳粉产品也应按生产批次分批抽样，连续生产不能分出批次的，应该按照储存乳粉罐分批，并按批号取样检验，用桶或箱包装的按照总数的 1%抽样，用灭菌的长开口采样扦从容器的四角及中心采取样品各一扦，放在盘中搅匀，采取约总量的 1/1 000 做检验用。

听装、瓶装、塑料袋装和盒装的乳粉样品采样时，可以按批号分开，从该批产品堆放的不同部位采取总数的 1/1 000 做检验用，但是不得少于 2 件。尾数超过 500 件的，应增加抽样 1 件。

③稀乳油取样要求　小包装容器包装的稀乳油，取样方式同酸牛乳抽样相同。如作为加工其他乳制品或食品的原料，可从稀乳油罐取均匀的混合样。取样量为 1/5 000～1/10 000，但最少不得少于 250 mL。所取样品应及时检验，如不能及时检验，应贮于 2～6℃的冰箱或冷库内。

④乳油取样要求　按乳油搅拌器分批按批编号取样检验，每批产品取两件。对大包装做微生物检验者，用无菌采样器在箱内不同部位取样。

⑤炼乳取样要求　甜炼乳应以浓缩锅或结晶罐分批，连续生产不能分出锅（或罐）次者，可按成品混合罐分批。淡炼乳应以杀菌锅分批，按批次编号取样。

取样数量：397 g，410 g 罐装（包括 500 g 和 354 g 瓶装）每批取 3 罐（瓶）；198 g，170 g 罐装（包括 250 g 瓶装）每批取 4 罐（瓶）。

成批产品不能分锅次者，按 1/1 000 采样，但不得少于 3 罐(瓶)，尾数超过 500 罐(瓶)者应增加采样 1 罐(瓶)。

⑥硬质干酪的取样　硬质干酪以凝乳槽分批，按批取样检验。每批产品拆箱取样数以生产量而定，每批 100 以上者，按 1/50 拆箱，100 箱以下者至少拆 2 箱。按拆箱数，每箱取样一个。

取做细菌检验样品时，应采用无菌的干酪取样刀在无菌室或无菌超净台中取样。先切去表层蜡皮，再切去端面 1 cm 厚的表层，用点燃的酒精棉球消毒切面，将干酪取样刀纵向插入干酪高度的 3/4，旋转 180°以上，抽出取样刀，取出样品。每个干酪取样不少于 100 g，切成小块，装入无菌瓶内待检。

做理化检验采样时，直接用干酪取样刀取样，不必灭菌，取出后去其 2 cm 表层。同一批样品可放入同一容器中，平均样品总重不应少于 200 g。

(3)实验室微生物取样方式

①散装或大型包装的乳品采样　采取的样品用灭菌刀、勺取样，在移采另一件样品前，刀、勺应先清洗灭菌。采样时应注意选取有代表性的部位。每件样品数量不少于 200 g，放入灭菌容器内，及时检验。生鲜牛乳采样不应超过 3 h，在气温较高情况下，不能立即进行检验的应进行冷藏，但不得使用防腐剂。

②小型包装的乳品成采取整件包装　采样应注意是否包装完整。每件样品采样量为：巴氏杀菌乳或灭菌乳 1 瓶或 1 包；乳粉 1 瓶或 1 包(大包装采样 200 g)；乳油 1 块(113 g)；炼乳 1 瓶或 1 罐；乳酪(干酪)1 个。

对成批产品进行质量鉴定时，其采样量以每批的 1/1 000 取样，不足 1 000 件的抽取 1 件。

2. 乳样的保存

采取的乳样如不能立即进行检查时，必须放入冰箱中保存，不做细菌检查的可以适当加入防腐剂。只需保存 1～2 天的，可以保存在 0～5℃的冰箱中快速冷却保存。

(三)理化检验仪器设备

1. 分光光度计

分光光度计已经成为现代分子生物实验室常规仪器。常用于核酸,蛋白定量以及细菌生长浓度的定量。

(1)分光光度计的工作原理(以 722 型为例) 分光光度法测量的基本原理是当溶液中的物质在光的照射激发下,产生了对光吸收的效应,物质对光的吸收是具有选择性的,各种不同的物质都具有其各自的吸收光谱,因此当某单色光通过溶液时,其能量就会被吸收而减弱,光能量减弱的程度和物质的浓度有一定的比例关系,也即符合于比色原理-比耳定律。

透光度为透过光的强度 I_t 与入射光强度 I_0 之比,用 T 表示即 $T=I_t/I_0$,T 值越大,表示物质对光吸收的越小。

吸光度为透光度倒数的对数,用 A 表示即 $A=\lg L/T=\lg I_0/I_t$,A 值越大,表明物质对光的吸收越大。

透射比 $T=\mathrm{K}cL\ A$

式中:K 为吸收系数;

L 为溶液的光径长度;

c 为溶液的浓度。

从以上的公式可以看出,当入射光、吸收系数和溶液的光径长度不变时,透过光是根据溶液的浓度而变化的,分光光度计的基本原理是根据上述之物理光学现象而设计的。

(2)722 型分光光度计仪器的结构 722 型光栅分光光度计由光源室、单色器、试样室、光电管暗盒、电子系统及数字显示器等部件组成。

①光源室部件 氢灯灯架,钨灯灯架,聚光镜架,截止滤光片组架及氢灯接线架等各通过两个螺丝固定在灯室部件底座上。

②单色器部件 单色器是仪器的心脏部分,布置在光源与试

图5　722型分光光度计

样室之间，用3个螺丝固定在灯室部件上，包括单色器部板内装有狭缝部件，反光镜组件、准直镜部件，光栅部件波长线性传动机构等。

③试样室部件　试样室部件由比色皿座架部件及光门部件组成。

④光电管暗盒部件　部件内装有光电管、干燥剂筒及微电流放大器电路板。

(2)722型分光光度计仪器的使用操作

①将灵敏度旋钮调置“1”档(放大倍率最小)。

②开启电源，指示灯亮，选择开关置于“T”，波长调置测试用波长，仪器预热20 min。

③打开试样室盖(光门自动关闭)，调节“0”旋钮，使数字显示为“00.0”盖上试样室盖，比色皿架处于蒸馏水校正位置，使光电管受光，调节透过率“100%”旋钮，使数字显示为“100.0”。

④如果显示不到“100.0”，则可适当增加微电流放大器的倍率挡数，但尽可能倍率置低档使用，这样仪器将有更高的稳定性，但改变倍率后必须按③重新校正“0”和“100%”。

⑤预热后，按④连续几次调整“0”和“100%”，仪器即可进行测定工作。

⑥吸光度A的测量：调整仪器“00.0”和“100%”，将选择开关

置于“A”,调节吸光度调节器调零旋钮,使得数字显示为“.000”,然后将被测样品移入光路,显示值即为被测样品的吸光度的值。

⑦浓度 c 的测量:选择开关由“A”旋置“C”,将已标定浓度的样品放入光路,调节浓度旋钮,使得数字显示为标定值,将被测样品放入光路,即可读出被测样品的浓度值。

⑧如果大幅度改变测试波长时,在调整“0”和“100%”后稍等片刻(因光能量变化急剧,光电管受光后响应缓慢,需一段光响应平衡时间),当稳定后,重新调整“0”和“100%”即可工作。

测量完毕,速将暗盒盖打开,关闭电源开关,将灵敏度旋钮调至最低档,取出比色皿,将装有硅胶的干燥剂袋放入暗盒内,关上盖子,将比色皿中的溶液倒入烧杯中,用蒸馏水洗净后放回比色皿盒内。

⑨仪器所配套的比色皿,不能与其他仪器上的比色皿单个调换。

⑩仪器数字表后盖,有信号输出 0～1 000 mV,插座 1 脚为正,2 脚为负接地线。

2. pH 计

(1)pH 计工作原理　用酸度计进行电位测量是测量 pH 最精密的方法。pH 计由 3 个部件构成:

①一个参比电极。

②一个玻璃电极,其电位取决于周围溶液的 pH。

③一个电流计,该电流计能在电阻极大的电路中测量出微小的电位差。由于采用最新的电极设计和固体电路技术,现在最好的 pH 可分辨出 0.005 pH 单位。参比电极的基本功能是维持一个恒定的电位,作为测量各种偏离电位的对照。银-氧化银电极是目前 pH 中最常用的参比电极。玻璃电极的功能是建立一个对所测量溶液的氢离子活度发生变化做出反应的电位差。把对 pH 敏感的电极和参比电极放在同一溶液中,就组成一个原电池,该电池的电位是玻璃电极和参比电极电位的代数和。E 电池＝E 参比＋

E玻璃，如果温度恒定，这个电池的电位随待测溶液的pH变化而变化，而测量pH计中的电池产生的电位是困难的，因其电动势非常小，且电路的阻抗又非常大（1～100 MΩ）。因此，必须把信号放大，使其足以推动标准毫伏表或毫安表。电流计的功能就是将原电池的电位放大若干倍，放大了的信号通过电表显示出，电表指针偏转的程度表示其推动的信号的强度，为了使用上的需要，pH电流表的表盘刻有相应的pH数值；而数字式pH计则直接以数字显出pH。

(2)pH计的调试　实验室常用的pH计有老式的国产雷磁25型酸度计（最小分度0.1单位）和pHS-2型酸度计（最小分度0.02单位），这类酸度计的pH是以电表指针显示（图6）。新式数字式pH计有国产的科立龙公司的KL系列，其设定温度和pH都在屏幕上以数字的形式显示。无论哪种pH计在使用前均需用标准缓冲液进行二重点校对。

图6　雷磁pHS-25型pH计

首先阅读仪器使用说明书，接通电源，安装电极。在小烧杯中加入pH为7.0的标准缓冲液，将电极浸入，轻轻摇动烧杯，使电极所接触的溶液均匀。按不同的pH计所附的说明书读取溶液的pH，校对pH计，使其读数与标准缓冲液（pH 7.0）的实际值相同并稳定；然后再将电极从溶液中取出并用蒸馏水充分淋洗，将小烧杯中换入pH 4.01或0.01的标准缓冲液，把电极浸入，重复上述步骤使其读数稳定。这样就完成了二重点校正；校正完毕，用蒸馏水冲洗电极和烧杯。校正后切勿再旋转定位调节器，否则必须重新校正。

(3)pH计的使用方法　所测溶液的温度应与标准缓冲液的温度相同。因此，使用前必须调节温度调节器或斜率调节旋钮。

先进的 pH 计在线路中安插有温度补偿系统，仪器经初次较正后，能自动调整温度变化。测量时，先用蒸馏水冲洗两电极，用滤纸轻轻吸干电极上残余的溶液，或用待测液洗电极。然后，将电极浸入盛有待测溶液的烧杯中，轻轻摇动烧杯，使溶液均匀，按下读数开关，指针所指的数值即为待测溶液的 pH，重复几次，直到数值不变（数字式 pH 计在约 10 s 内数值变化少于 0.01 时），表明已达到稳定读数。测量完毕，关闭电源，冲洗电极，玻璃电极要浸泡在蒸馏水中。

（4）保养及注意事项　玻璃电极在初次使用前，必须在蒸馏水中浸泡一昼夜以上，平时也应浸泡在蒸馏水中以备随时使用。玻璃电极不要与强吸水溶剂接触太久，在强碱溶液中使用应尽快操作，用毕立即用水洗净，玻璃电极球泡膜很薄，不能与玻璃杯及硬物相碰；玻璃膜沾上油污时，应先用酒精，再用四氯化碳或乙醚，最后用酒精浸泡，再用蒸馏水洗净。如测定含蛋白质的溶液的 pH 时，电极表面被蛋白质污染，导致读数不可靠，也不稳定，出现误差，这时可将电极浸泡在稀 HCl（0.1 mol/L）中 4～6 min 来矫正。电极清洗后只能用滤纸轻轻吸干，切勿用织物擦抹，这会使电极产生静电荷而导致读数错误。甘汞电极在使用时，注意电极内要充满氯化钾溶液，应无气泡，防止断路。应有少许氯化钾结晶存在，以使溶液保持饱和状态，使用时拨去电极上顶端的橡皮塞，从毛细管中流出少量的氯化钾溶液，使测定结果可靠。另外，pH 测定的准确性取决于标准缓冲液的准确性。酸度计用的标准缓冲液，要求有较大的稳定性，较小的温度依赖性。

3. 电子天平

（1）工作原理　电子天平一般采用应变式传感器、电容式传感器、电磁平衡式传感器。应变式传感器，结构简单、造价低，但精度有限，目前不能做到很高精度；电容式传感器称量速度快，性价比较高，但也不能达到很高精度；采用电磁平衡传感器的电子天平。其特点是称量准确可靠、显示快速清晰并且具有自动检测系统、简便的自动校准装置以及超载保护等装置。

(2)校准　使用前一定要仔细阅读说明书,天平进行首次计量测试前应对天平进行校准,天平存放时间较长、曾经位置移动或环境变化时为获得精确测量,天平在使用前都应进行校准操作。校准方法分为内校准和外校准两种。德国生产的赛多利斯,瑞士产的梅特勒,上海产的“JA”等系列电子天平均有校准装置。如果使用前不仔细阅读说明书很容易忽略“校准”操作,造成较大称量误差。

JA1203 型电子天平校准方法:

①轻按 CAL 键当显示器出现 CAL-时,即松手,显示器就出现 CAL-100 其中“100”为闪烁码,表示校准砝码需用 100 g 的标准砝码。

②把准备好的“100 g”校准砝码放上称盘,显示器即出现“----”等待状态,经较长时间后显示器出现 100.000 g,拿去校准砝码,显示器应出现 0.000 g,若出现不是为零,则再清零,再重复以上校准操作。(注意:为了得到准确的校准结果最好重复以上校准操作步骤两次)。

瑞士梅特勒-托利多 AG 系列电子天平校准方法(图 7):

图 7　梅特勒-托利多 al204 型电子天平

a. 天平置零位，然后持续按住"CAL"键直到"CAL int"出现为止。

b. 出现如下显示：天平置零、内部校准砝码装载完毕、天平重新检查零位、天平报告校准过程、天平报告校准完毕、天平自动回复到称重状态。

(3)维护与保养　首先称量物品不能超过称量范围，否则就会造成天平计量性能的永久性的改变。由于电子天平采用了电磁力自动补偿电路原理，当秤盘加载时，电磁力会将秤盘推回到原来的平衡位置，使电磁力与被称物体的重力相平衡，只要在允许范围内称量大小对天平的影响是很小的，不会因长期称重而影响电子天平的准确度。

将天平置于稳定的工作台上避免振动、气流及阳光照射电子天平。

在使用前调整水平仪气泡至中间位置。

电子天平应按说明书的要求进行预热。

称量易挥发和具有腐蚀性的物品时，要盛放在密闭的容器中，以免腐蚀和损坏电子天平。

经常对电子天平进行自校或定期外校，保证其处于最佳状态。

如果电子天平出现故障应及时检修，不可带"病"工作。

操作天平不可过载使用以免损坏天平。

若长期不用电子天平时应暂时收藏为好。

(4)操作规程

①调水平　天平开机前，应观察天平后部水平仪内的水泡是否位于圆环的中央，否则通过天平的地脚螺栓调节，左旋升高，右旋下降。

②预热　天平在初次接通电源或长时间断电后开机时，至少需要 30 min 的预热时间。因此，实验室电子天平在通常情况下，不要经常切断电源。

③称量　按下"ON/OFF"键，接通显示器；等待仪器自检。

当显示器显示零时，自检过程结束，天平可进行称量；放置称量纸，按显示屏两侧的“Tare”键去皮，待显示器显示零时，在称量纸加所要称量的试剂称量。称量完毕，按“ON/OFF”键，关断显示器。

(5)注意事项

①为正确使用天平，请您熟悉天平的几种状态：显示器右上角显示“O”：表示显示器处于关断状态；显示器左下角显示“O”：表示仪器处于待机状态，可进行称量；显示器左上角出现菱形标志：表示仪器的微处理器正在执行某个功能，此时不接受其他任务。

②天平在安装时已经过严格校准，故不可轻易移动天平，否则校准工作需重新进行。

③严禁不使用称量纸直接称量。每次称量后，请清洁天平，避免对天平造成污染而影响称量精度，以及影响他人的工作。

4. 凯氏定氮仪

凯氏定氮仪是根据蛋白质中氮的含量恒定的原理，通过测定样品中氮的含量从而计算蛋白质含量的仪器。因其蛋白质含量测量计算的方法叫作凯氏定氮法，故被称为凯氏定氮仪，又名定氮仪、蛋白质测定仪、粗蛋白测定仪。该仪器安装、操作简单；使用安全、可靠、省时、省力；自动化程度高，适用于粮油检测、饲料分析、植物养分测试、土肥检测、环保、医药、化工等行业的分析、教学及研究中主要用来检测粮食、食品、乳制品、饮料、饲料、土壤、水、药物、沉淀物和化学品等中的氨氮、蛋白质氮等含量，是操作人员的理想工具，同时利用定氮仪也可以测二氧化硫等物质，是实验室比较重要的理化分析仪器（图 8）。

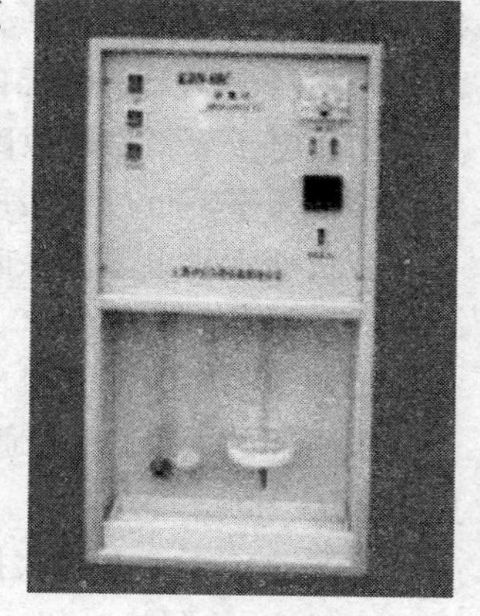

图 8　凯氏定氮仪

(1)工作原理　蛋白质是含氮的有机化合物。食品与硫酸和催化剂一同加热消化，使蛋白质分解，分解的氨与硫酸和催化剂一同加热消化，使蛋白质分解，分解的氨与硫酸结合生成硫酸铵。然后碱化蒸馏使氨游离，用硼酸吸收后再以硫酸或盐酸标准溶液滴定，根据酸的消耗量乘以换算系数，即为蛋白质含量。

(2)使用方法和步骤

①消化

a. 准备6个凯氏烧瓶，标号。1、2、3号烧瓶中分别加入适当浓度的蛋白溶液1.0 mL，样品要加到烧瓶底部，切勿沾在瓶口及瓶颈上。再依次加入硫酸钾-硫酸铜接触剂0.3 g，浓硫酸2.0 mL，30%过氧化氢1.0 mL。4、5、6号烧瓶作为空白对照，用以测定试剂中可能含有的微量含氮物质，对样品测定进行校正。4、5、6号烧瓶中加入蒸馏水1.0 mL代替样液，其余所加试剂与1、2、3号烧瓶相同。

b. 将加好试剂的各烧瓶放置消化架上，接好抽气装置。先用微火加热煮沸，此时烧瓶内物质炭化变黑，并产生大量泡沫，务必注意防止气泡冲出管口。待泡沫消失停止产生后，加大火力，保持瓶内液体微沸，至溶液澄清后，再继续加热使消化液微沸15 min。在消化过程中要随时转动烧瓶，以使内壁黏着物质均能流入底部，以保证样品完全消化。消化时放出的气体内含二氧化硫，具有强烈刺激性，因此自始至终应打开抽水泵将气体抽入自来水排出。整个消化过程均应在通风橱中进行。消化完全后，关闭火焰，使烧瓶冷却至室温。

②蒸馏和吸收　蒸馏和吸收是在微量凯氏定氮仪内进行的。凯氏定氮蒸馏装置种类很多，大体上都是由蒸气发生、氨的蒸馏和氨的吸收3部分组成。

a. 仪器的洗涤　仪器安装前，各部件需经一般方法洗涤干净，所用橡皮管、塞需浸在10% NaOH溶液中，煮约10 min，水洗、水煮10 min，再水洗数次，然后安装并固定在一只铁架台上。仪器使用前，微量全部管道都需经水蒸气洗涤，以除去管道内可能残留的氨，正在使用的仪器，每次测样前，蒸气洗涤 5 min 即可。较长时间未使用的仪器，重复蒸气洗涤，不得少于 3 次，并检查仪器是否正常。仔细检查各个连接处，保证不漏气。首先在蒸气发生器中加约 2/3 体积蒸馏水，加入数滴硫酸使其保持酸性，以避免水中的氨被蒸出而影响结果，并放入少许沸石(或毛细管等)，以防爆沸。沿小玻杯壁加入蒸馏水约 20 mL 让水经插管流入反应室，但玻杯内的水不要放光，塞上棒状玻塞，保持水封，防止漏气。蒸气发生后，立即关闭废液排放管上的开关，使蒸气只能进入反应室，导致反应室内的水迅速沸腾，蒸出蒸气由反应室上端口通过定氮球进入冷凝管冷却，在冷凝管下端放置一个锥形瓶接收冷凝水。从定氮球发烫开始计时，连续蒸煮 5 min，然后移开煤气灯。冲洗完毕，夹紧蒸气发生器与收集器之间的连接橡胶管，由于气体冷却压力降低，反应室内废液自动抽到反应室外壳中，打开废液排出口夹子放出废液。如此清洗 2～3 次，再在冷凝管下换放一个盛有硼酸-指示剂混合液的锥形瓶使冷凝管下口完全浸没在溶液中，蒸馏 1～2 min，观察锥形瓶内的溶液是否变色。如不变色，表示蒸馏装置内部已洗干净。移去锥形瓶，再蒸馏 1～2 min，用蒸馏水冲洗冷凝器下口，关闭煤气灯，仪器即可供测样品使用。

b. 无机氮标准样品的蒸馏吸收　由于定氮操作繁琐，为了熟悉蒸馏和滴定的操作技术，初学者宜先用无机氮标准样品进行反复练习，再进行有机氮未知样品的测定。常用已知浓度的标准硫酸铵测试 3 次。取洁净的 100 mL 锥形瓶 5 支，依次加入 2％硼酸溶液 20 mL，次甲基蓝-甲基红混合指示剂(呈紫红色)3～4 滴，盖好瓶口待用。取其中一只锥形瓶承接在冷凝管下端，并使冷凝管的出口浸没在溶液中。注意：在此操作之前必须先打开收集器活塞，以免锥形瓶内液体倒吸。准确吸取 2 mL 硫酸铵标准液加到玻杯中，小心提起棒状玻塞使硫酸铵溶液慢慢流入蒸馏瓶中，用少量蒸馏水冲洗小玻杯 3 次，一并放入蒸馏瓶中。然后用量筒向小玻杯中加入 10 mL 30％ NaOH 溶液，使碱液慢慢流入蒸馏瓶中，在碱液尚未完全流入时，将棒状玻塞盖紧。向小玻杯中加约 5 mL 蒸馏水，再慢慢打开玻塞，使一半水流入蒸馏瓶，一半留在小玻杯中做水封。关闭收集器活塞，加热蒸气发生器，进行蒸馏。锥形瓶中的硼酸-指示剂混合液由于吸收了氨，由紫红色变成绿色。自变色时起，再蒸馏 3～5 min，移动锥形瓶使瓶内液面离开冷凝管下口约 1 cm，并用少量蒸馏水冲洗冷凝管下口，再继续蒸馏 1 min，移开锥形瓶，盖好，准备滴定。在一次蒸馏完毕后，移去煤气灯，夹紧蒸气发生器与收集器间的橡胶管，排出反应完毕的废液，用水冲洗小玻杯几次，并将废液排出。如此反复冲洗干净后，即可进行下一个样品的蒸馏。按以上方法用标准硫酸铵再做两次。另取 2 mL 蒸馏水代替标准硫酸铵进行空白测定 2 次。将各次蒸馏的锥形瓶一起滴定。

c. 未知样品及空白的蒸馏吸收　将消化好的蛋白样品 3 支，空白对照液 3 支，依次做蒸馏吸收。加 5 mL 热的蒸馏水至消化好的样品或空白对照液中，通过小玻杯加到反应室中，再用热蒸馏水洗涤小玻杯 3 次，每次用水量约 3 mL，洗涤液一并倒入反应室内。其余操作按标准硫酸铵的蒸馏进行。由于消化液内硫酸钾浓度高而呈黏稠状，不易从凯氏烧瓶内倒出，必须加入热蒸馏水 5 mL 稀释之，如果有结晶析出，必须微热溶解，趁热加入玻杯，使其流入反应室。此外，还应当注意趁仪器洗涤尚未完全冷却时立即加入样品或空白对照液，否则消化液通过冷却的管道容易析出结晶，造成堵塞。

③滴定　样品和空白蒸馏完毕后，一起进行滴定。打开接受瓶盖，用酸式微量滴定管以 0.010 0 mol/L 的标准盐酸溶液进行滴定。待滴至瓶内溶液呈暗灰色时，用蒸馏水将锥形瓶内壁四周淋洗 1 次。若振摇后复现绿色，应再小心滴入标准盐酸溶液半滴，振摇观察瓶内溶液颜色变化，暗灰色在 1～2 min 内不变，当视为到达滴定终点。若呈粉红色，表明已超越滴定终点，可在已滴定耗用的标准盐酸溶液用量中减去 0.02 mL，每组样品的定氮终点颜

色必须完全一致。空白对照液接受瓶内的溶液颜色不变或略有变化尚未出现绿色,可以不滴定。记录每次滴定耗用标准盐酸溶液毫升数,供计算用。

5. 马弗炉

马弗炉是供实验室、工矿企业、科研单位做元素分析、测定和金属零件热处理时用,高温炉还可作金属、陶瓷的烧结、熔解、分析等高温加热用(图 9)。

图 9　马弗炉

(1)结构特点

①炉壳采用优质钢板折边焊接成形。工作室为耐火材料支撑的炉膛,加热元件置于其中,炉膛与炉壳间用保温材料砌筑。

②炉门经多级铰链固定于电炉面板上,炉门关闭是利用炉门手把的自重,通过杠杆作用将炉门紧贴于炉门口,开启时只需将手把稍往上提,脱钩后往外拉开,将炉门置于左侧即可。另外,炉口下端装有自动切断电源开关,当炉门开启时自动断电,以保证操作安全。

③控温选用新型控温仪,数字显示、精度高(根据客户需要可选用 PID 智能控温仪,程序升温,带超温报警等功能)。

(2)马弗炉安全操作规程　马弗炉要放置在牢固的水泥台面，周围不可存放易燃易爆品。马弗炉要有专用电闸控制电源，所用电缆规格，要满足设备工作电流要求。灼烧有机物、经预先灰化，再放在炉内灼烧。用完后要先断电，待温度降至100℃以下后，才能打开炉门。工作室内，应放置足够的消防灭火器材。

6、乳成分分析仪

乳成分分析仪是一种针对乳品行业的专用高档仪器，主要用在各种乳制品(包括高黏度酸乳)的质量控制和产品开发。可以非常精确地检测牛乳中的脂肪、蛋白质、乳糖、总固体含量、非脂乳固体、自由脂肪酸、柠檬酸、密度、蔗糖、电导率、酸度、总糖、尿素、酪蛋白、冰点等组分以及冰点的检测。可以适用于原料乳、发酵乳、酸乳、花色乳、各种液态乳、风味乳和各种乳饮料的检测。可以用做乳制品研究开发，生产过程中的半成品控制(降低原料成本)、成品质量控制及原乳按质论价等方面(图10)。

图10　乳成分分析仪

(1)工作原理　该仪器结合热-光程序检测乳中的成分，检测样品中感热和感光的物质。所有不溶解的物质都会产生浊度，通过浊度测量，可以得到脂肪和蛋白质的总和，脂肪和非脂乳固体是从物理的热效应得出的。

(2)仪器可以检测的理化指标　经济型乳品成分分析仪可以检测原料乳及各种乳制品中的脂肪(FatA和FatB，可以检测来自动物脂肪和非动物脂肪)、蛋白质、乳糖、总固体含量、非脂乳固体、自由脂肪酸、柠檬酸、密度、蔗糖、电导率、酸度、总糖、尿素、酪蛋白、冰点等组分。同时可以对样品进行温度的控制。

(3)使用方法

①按显示屏的上下箭头键，直至出现“measuring”。

②将检测瓶放在瓶架上，使吸管充分进入检测瓶中。样品中

不能有气泡，否则会干扰检测结果，仪器需要样品量为 20 mL。

③按“Enter”键开始检测，检测结束后，显示屏上会出现脂肪、蛋白质、乳糖、非脂乳固体和冰点的结果。按向下的箭头，显示屏会滚动到相应的结果上。

④当检测样品较少时，可连续检测，检测停止时必须将检测瓶内加入蒸馏水，按显示屏的上下箭头直至出现“Rinse”，按“Enter”键执行清洗程序。大量检测样品的间隔及下班前，检测仪必须用专用清洗液清洗。

(4)维护与保养

①牛乳样品不需要预热，样品温度不能超过 35℃。

②没有清洗液时不要运行机器。

③机器在清洗过程中不要做任何校正，应尽快将凝结的乳冲洗出管路，否则检测区会受到彻底损坏。

④每季度应做一次仪器内部清洁，除掉灰尘。

⑤使用清洗液执行清洗程序后，如有残留会影响检测结果，因此，一定要用蒸馏水彻底冲洗干净。

⑥每周应归零一次，检查仪器硬件。

(四)理化检验原理和方法

1. 乳品的感官检验

感官鉴别乳及乳制品，主要指的是眼观其色泽和组织状态、嗅其气味和尝其滋味，应做到三者并重，缺一不可。

对于鲜乳而言，应注意其色泽是否正常、质地是否均匀细腻、滋味是否纯正以及乳香味如何。同时应留意杂质、沉淀、异味等情况，以便做出综合性的评价。对于乳制品而言，除注意上述鉴别内容之外，有针对性地观察了解诸如酸乳有无乳清分离、乳粉有无结块，乳酪切面有无水珠和霉斑等情况，对于感官鉴别也有重要意义。必要时可以将乳制品冲调后进行感官鉴别。

(1)鉴别鲜乳的质量

①色泽鉴别

良质鲜乳为乳白色或稍带微黄色。

次质鲜乳色泽较良质鲜乳为差,白色中稍带青色。

劣质鲜乳呈浅粉色或显著的黄绿色,或是色泽灰暗。

②组织状态鉴别

良质鲜乳呈均匀的流体,无沉淀、凝块和机械杂质,无黏稠和浓厚现象。

次质鲜乳呈均匀的流体,无凝块,但可见少量微小的颗粒,脂肪聚黏表层呈液化状态。

劣质鲜乳呈稠而不匀的溶液状,有乳凝结成的致密凝块或絮状物。

③气味鉴别

良质鲜乳具有乳特有的乳香味,无其他任何异味。

次质鲜乳乳中固有的香味稍使或有异味。

劣质鲜乳有明显的异味,如酸臭味、牛粪味、金属味、鱼腥味、汽油味等。

④滋味鉴别

良质鲜乳具有鲜乳独具的纯香味,滋味可口而稍甜,无其他任何异常滋味。

次质鲜乳有微酸味(表明乳已开始酸败),或有其他轻微的异味。

劣质鲜乳有酸味、咸味、苦味等。

(2)鉴别炼乳的质量

①色泽鉴别

良质炼乳呈均匀一致的乳白色或稍带微黄色,有光泽。

次质炼乳色泽有轻度变化,呈米色或淡肉桂色。

劣质炼乳色泽有明显变化,呈肉桂色或淡褐色。

②组织状态鉴别

良质炼乳组织细腻，质地均匀，黏度适中，无脂肪上浮，无乳糖沉淀，无杂质。

次质炼乳黏度过高，稍有一些脂肪上浮，有沙粒状沉淀物。

劣质炼乳凝结成软膏状，冲调后脂肪分离较明显，有结块和机械杂质。

③气味鉴别

良质炼乳具有明显的牛乳乳香味，无任何异味。

次质炼乳乳香味淡或稍有异味。

劣质炼乳有酸臭味及较浓重的其他异味。

④滋味鉴别

良质炼乳淡炼乳具有明显的牛乳滋味，甜炼乳具有纯正的甜味，均无任何异物。

次质炼乳滋味平淡或稍差，有轻度异味。

劣质炼乳有不纯正的滋味和较重的异味。

(3)鉴别乳粉的质量

①固体乳粉

a.色泽鉴别

良质乳粉色泽均匀一致，呈淡黄色，脱脂乳粉为白色，有光泽。

次质乳粉色泽呈浅白或灰暗，无光泽。

劣质乳粉色泽灰暗或呈褐色。

b.组织状态鉴别

良质乳粉粉粒大小均匀，手感疏松，无结块，无杂质。

次质乳粉有松散的结块或少量硬颗粒、焦粉粒、小黑点等。

劣质乳粉有焦硬的、不易散开的结块，有肉眼可见的杂质或异物。

c.气味鉴别

良质乳粉具有消毒牛乳纯正的乳香味，无其他异味。

次质乳粉乳香味平淡或有轻微异味。

劣质乳粉有陈腐味、发霉味、脂肪哈喇味等。

d. 滋味鉴别

良质乳粉有纯正的乳香滋味,加糖乳粉有适口的甜味,无任何其他异味。

次质乳粉滋味平淡或有轻度异味,加糖乳粉甜度过大。

劣质乳粉有苦涩或其他较重异味。

②冲调乳粉　若经初步感官鉴别仍不能断定乳粉质量好坏时,可加水冲调,检查其冲调还原乳的质量。

冲调方法:取乳粉 4 汤匙(每平匙约 7.5 g),倒入玻璃杯中,加温开水 2 汤匙(约 25 mL),先调成稀糊状,再加 200 mL 开水,边加水边搅拌,逐渐加入,既成为还原乳。冲调后的还原乳,在光线明亮处进行感官鉴别。

a. 色泽鉴别

良质乳粉乳白色。

次质乳粉乳白色。

劣质乳粉白色凝块,乳清呈淡黄绿色。

b. 组织状态鉴别　取少量冲调乳置于平皿内观察。

良质乳粉呈均匀的胶状液。

次质乳粉带有小颗粒或有少量脂肪析出。

劣质乳粉胶态液不均匀,有大的颗粒或凝块,甚至水乳分离,表层有游离脂肪上浮,表层有游离脂肪上浮。

c. 冲调乳的气味与滋味感官鉴别同于固体乳粉的鉴别方法。

(4)鉴别酸牛乳的质量

①色泽鉴别

良质酸牛乳色泽均匀一致,呈乳白色或稍带微黄色。

次质酸牛乳色泽不匀,呈微黄色或浅灰色。

劣质酸牛乳色泽灰暗或出现其他异常颜色。

②组织状态鉴别

良质酸牛乳凝乳均匀细腻,无气泡,允许有少量黄色脂膜和少量乳清。

次质酸牛乳凝乳不均匀也不结实，有乳清析出。

劣质酸牛乳凝乳不良，有气泡，乳清析出严重或乳清分离。瓶口及酸乳表面均有霉斑。

③气味鉴别

良质酸牛乳有清香、纯正的酸乳味。

次质酸牛乳香气平淡或有轻微异味。

劣质酸牛乳有腐败味，霉变味、酒精发酵及其他不良气味。

④滋味鉴别

良质酸牛乳有纯正的酸牛乳味，酸甜适口。

次质酸味过度或有其他不良滋味。

劣质酸牛乳有苦味、涩味或其他不良滋味。

(5)鉴别乳油的质量

①色泽鉴别

良质乳油呈均匀一致的淡黄色，有光泽。

次质乳油色泽较差且不均匀，呈白色或着色过度，无光泽。

劣质乳油色泽不匀，表面有霉斑，甚至深部发生霉变，外表面浸水。

②组织状态鉴别

良质乳油组织均匀紧密，稠度、弹性和延展性适宜，切面无水珠，边缘与中心部位均匀一致。

次质乳油组织状态不均匀，有少量乳隙，切面有水珠渗出，水珠呈白浊而略黏。有食盐结晶(加盐乳油)。

劣质乳油组织不均匀，黏软、发腻、粘刀或脆硬疏松且无延展性，且面有大水珠，呈白浊色，有较大的孔隙及风干现象。

③气味鉴别

良质乳油具有乳油固有的纯正香味，无其他异味。

次质乳油香气平淡、无味或微有异味。

劣质乳油有明显的异味，如鱼腥味、酸败味、霉变味、椰子味等。

④滋味鉴别

良质乳油具有乳油独具的纯正滋味，无任何其他异味，加盐乳油有咸味，酸乳油有纯正的乳酸味。

次质乳油滋味不纯正或平淡，有轻微的异味。

劣质乳油有明显的不愉快味道，如苦味、肥皂味，金属味等。

⑤外包装鉴别

良质乳油包装完整、清洁、美观。

次质乳油外包装可见油污迹，内包装纸有油渗出。

劣质乳油不整齐、不完整或有破损现象。

(6)鉴别硬质干酪的质量

①色泽鉴别

良质硬质干酪呈白色或淡黄色，有光泽。

次质硬质干酪色泽变黄或灰暗，无光泽。

劣质硬质干酪呈暗灰色或褐色，表面有霉点或霉斑。

②组织状态鉴别

良质硬质干酪外皮质地均匀，无裂缝、无损伤，无霉点及霉斑。切面组织细腻，湿润，软硬适度，有可塑性。

次质硬质干酪表面不均，切面较干燥，有大气孔，组织状态呈疏松。

劣质硬质干酪外表皮出现裂缝，切面干燥，有大气孔，组织状态呈碎粒状。

③气味鉴别

良质硬质干酪除具有各种干酪特有的气味外，一般都香味浓郁。

次质硬质干酪味平淡或有轻微异味。

劣质硬质干酪具有明显的异味，如霉味，脂肪酸败味，腐败变质味等。

④滋味鉴别

良质硬质干酪具有干酪固有的滋味。

次质硬质干酪滋味平淡或有轻微异味。

劣质硬质干酪具有异常的酸味或苦涩味。

(7)鉴别真假乳粉

①手捏鉴别　真乳粉用手捏住袋装乳粉包装采回摩搓，真乳粉质地细腻，发出“吱、吱”声。假乳粉用手捏住袋装乳粉包装采回摩搓，假乳粉由于掺有白糖，葡萄糖而颗粒较粗，发出“沙、沙”的声响。

②色泽鉴别　真乳粉呈天然乳黄色。

假乳粉颜色较白，细看呈结晶状，并有光泽，或呈漂白色。

③气味鉴别　真乳粉嗅之有牛乳特有的乳花香味。

假乳粉没有乳香味。

④滋味鉴别　真乳粉细腻发黏，溶解速度慢，无糖的甜味。

假乳粉入口后溶解快，不粘牙，有甜味。

④溶解速度鉴别　真乳粉用冷开水冲时，需经搅拌才能溶解成乳白色混悬液，用热水冲时，有悬漂物上浮现象，搅拌时粘住调羹。

假乳粉用冷开水冲时，不经搅拌就会自动溶解或发生沉淀，用热开水冲时，其溶解迅速，没有天然乳汁的香味和颜色。

(8)乳及乳制品的感官鉴别与食用原则　乳及乳制品的营养价值较高，又极易因微生物生长繁殖而受污染，导致乳品质量的不良变化。因此对于乳品质量的要求较高。经感官鉴别后已确认了品级的乳品，即可按如下食用原则作处理：

①凡经感官鉴别后认为是良质的乳及乳制品，可以销售或直接供人食用。但未经有效灭菌的新鲜乳不得市售和直接供人食用。

②凡经感官鉴别后认为是次质的乳及乳制品均不得销售和直接供人食用，可根据具体情况限制作为食品加工原料。

③凡经感官鉴别为劣质的乳及乳制品，不得供人食用或作为食品工业原料。可限作非食品加工用原料或作销毁处理。

④经感官鉴别认为除色泽稍差之外，其他几项指标为良质的乳品，可供人食用。但这种情况较少，因为乳及乳制品一旦发生质量改变，其感官指标中的色泽、组织状态、气味和滋味四项均会有不同程度的改变。

2. 新鲜度检验

通过酸度、酒精试验和煮沸试验判定乳的新鲜度。

(1)酸度(°T)　是以酚酞为指示剂，中和 100 mL 乳所需 0.100 0 mol/L 氢氧化钠标准溶液的毫升数。有的国家，酸度用乳酸(%)表示，1°T 相当于 0.09%乳酸。

(2)酒精试验　于试管中加入等量乙醇与牛乳，振摇后出现絮片的乳为酒精阳性乳，表明乳的酸度较高。在收购牛乳时，用 68 度、70 度、72 度酒精测试。

(3)煮沸试验　取 10 mL 乳于试管中，置沸水浴中 5 min，取出观察有无絮片出现或发生凝固现象。如有絮片或凝固，表示乳不新鲜，酸度大于 26°T 。

3. 常规乳品的检验

【乳脂肪的测定】

测定原理：利用氨-乙醇溶液破坏乳的胶体性状及脂肪球膜，使非脂肪成分溶解于氨-乙醇溶液中，而脂肪游离出来，再用乙醚石油醚提取出脂肪，蒸馏去除溶剂后，残留物即为乳脂肪。

本法适用于各种液状乳，各种炼乳、乳粉、乳油及冰淇淋等能在碱性溶液中溶解的乳制品，也适用于豆乳或加水呈乳状的食品。本法为国际标准化组织，联合国粮农组织/世界卫生组织等采用，为乳及乳制品脂类定量的国际标准法。

试剂：25%氨水(相对密度 0.91)；96%乙醇；乙醚；石油醚。

仪器：抽脂瓶：内径 2.0～2.5 cm、容积 100 mL。

操作方法：取一定量样品于抽脂瓶中，加入 1.25 mL 氨水，充分混匀，置 60℃水浴中加热 5 min，再振摇 2 min，加入 10 mL 乙醇，充分摇匀，于冷水中冷却后，加入 25 mL 乙醚，振摇 30 s，加入 25 mL 石油醚，再摇 30 s，静置 30 min，待上层液澄清时，读取醚层体积，放出一定体积醚层于一已恒重的烧瓶中，蒸馏回收乙醚和石油醚，挥干残余醚后，加入 100～105℃烘箱中干燥 1.5 h，取出放入干燥器中冷却至室温后称重，重复操作直至恒重。

计算：

$$脂肪百分含量=\frac{m_2-m_1}{m\times V_1/V}\times100\%$$

式中：m_2 为烧瓶中脂肪质量，g；

m_1 为烧瓶质量，g；

m 为样品质量，g；

V 为读取醚层总体积，mL；

V_1 为放出醚层体积，mL。

注意事项：

①乳及乳制品中测定脂肪含量的标准方法有巴布科克法、盖勃法和罗紫哥特里法，但前两种方法对于含糖多的乳品易使糖焦化，结果误差较大。

②乳类脂肪虽然也属游离脂肪，但因脂肪球被乳中酪蛋白钙盐包裹，又处于高度分散的胶体分散系中，故不能直接被乙醚、石油醚提取，需预先用氨水处理，故此法也称为碱性乙醚提取法。

③若无抽脂瓶时，可用容积 100 mL 的具塞量筒替用，待分层后读数，用移液管吸出一定量醚层。

④加氨水后，要充分混匀，否则会影响下步醚对脂肪的提取。

⑤操作时加入乙醇的作用是沉淀蛋白质以防止乳化，并溶解醇溶性物质，使其留在水中避免进入醚层，影响结果。

⑥加入石油醚的作用是降低乙醚极性，使乙醚与水不混溶，只抽提出脂肪，并可使分层清晰。

⑦对已结块的乳粉，用本法测定脂肪，其结果往往偏低。

【蛋白质的测定】

测定原理：在加热时，硫酸分解成亚硫酸酐、水和氧。有机物被氧化为二氧化碳和水，而蛋白质的氨态氮与过量硫酸反应转变为硫酸铵，硫酸铵在碱性溶液中进行蒸馏。将蒸馏出来的氨用硼酸吸收，再用酸标准溶液滴定。

试剂：所有试剂，如未注明规格，均指分析纯；所有实验用水，如未注明其他要求，均指三级水。

浓硫酸；硫酸钾；硫酸铜；过氧化氢溶液（体积分数为 30%）；硼酸溶液（取 30 g 硼酸，溶解在 1 L 水中）；甲基红-溴甲酚绿混合指示剂（用体积分数为 95%的乙醇，将溴甲酚绿及甲基红分别配成 1 g/L 的乙醇溶液，使用时按 1 g/L 溴甲酚绿∶1 g/L 甲基红为 5∶1 的比例混合）；硫酸标准溶液（取 3 mL 浓硫酸加到 15 mL 水中，冷却后洗入 1 000 mL 容量瓶中，定容）；氢氧化钠溶液（质量比为 400/1 000。称取 400 g 氢氧化钠，用 1 000 mL 水溶解，待冷却后移入试剂瓶中）。

仪器：

(1)凯氏烧瓶　500 mL 或 250 mL。

(2)定氮蒸气蒸馏器。

(3)滴定管　25 mL。

(4)三角烧瓶　250 mL。

操作步骤：

(1)样品的制备　将样品全部移入约 2 倍于样品体积的洁净干燥容器中，立即盖紧容器，反复旋转振荡，使样品彻底混合均匀。

(2)测定

①称取固体样品 2 g 或液体样品 10 g，精确至 0.2 mg，放入凯氏烧瓶中，加入 10 g 硫酸钾和 1 g 硫酸铜，量取 200 mL 浓硫酸，徐徐加入凯氏烧瓶中，混合。

②凯氏烧瓶的瓶口放一小漏斗，用微火加热（小心瓶内泡沫冲

出而影响结果),当瓶内发泡停止,稍加大火力。同时,可分数次加入 10 mL 过氧化氢溶液(但必须将烧瓶冷却数分钟以后加入)。当烧瓶内容物的颜色逐渐转化成透明的淡绿色时,继续消化 0.5～1 h(若凯氏烧瓶壁粘有碳化粒时,进行摇动或待瓶中内容物冷却数分钟后,用过氧化氢溶液冲下,继续消化至透明为止),然后取下并使之冷却。

③将澄清的消化液小心移入 100 mL 容量瓶中,以水洗 3 次凯氏烧瓶,洗涤液并入上述容量瓶中,冷却后稀释至刻度并摇匀。

④吸取 25 mL 消化液于定氮蒸馏器中,在冷凝器的下端放置一个盛有 50 mL 硼酸溶液、3 滴甲基红-溴甲酚绿混合指示剂的 250 mL 锥形瓶,使冷凝器下端的玻璃管在液面以下。将 25 mL 氢氧化钠溶液慢慢地加入蒸馏瓶中(溶液应呈强碱性),迅速将塞子塞好,然后通入蒸汽进行蒸馏,蒸至液面达 150 mL 时,提出冷凝器下端的玻璃管,用蒸馏水冲洗冷凝管下端,将洗液一并聚集于硼酸溶液中,让玻璃管靠在锥形瓶的瓶壁,出液口在 200 mL 刻度线以上,继续蒸馏,蒸至液位达 200 mL。

注:蒸馏时要注意蒸馏情况,避免瓶中的液体发泡冲出,进入接受瓶。火力太弱,蒸馏瓶内压力减低,则接受瓶内液体会倒流,造成实验失败。

⑤用硫酸标准溶液滴定至溶液出现酒红色为止,记录所用硫酸标准溶液的体积。同时进行空白试验,并在结果中加以校正。

分析结果的表述:

$$\text{样品中蛋白质含量(g/100 g)} = \frac{(V_1 - V_2) \times 2 \times c \times 0.014}{m \times 25/100} \times F \times 100$$

式中:V_1 为滴定时消耗硫酸标准溶液的体积,mL;

V_2 为空白试验消耗硫酸标准溶液的体积,mL;

c 为硫酸标准溶液中 H^+ 的浓度,mol/L;

m 为样品的质量,g;

0.014 为氮原子的摩尔质量,kg/mol;

F 为氮换算为蛋白质的系数。乳粉为 6.38,纯谷物类(配方)食品为 5.90,含乳婴幼儿谷物(配方)食品为 6.25。

注:①空白实验仅不加入样品,操作步骤与样品相同。

②允许差为同一样品的两次测定值之差不得超过平均值的 1.5%。

【水分的测定】

乳品中水分的测定主要是指测定乳粉、乳油、炼乳、干酪等产品中的水分含量。

原理:将样品放入(102±2)℃的烘箱中加热,直至恒量,所失去的质量即为水分含量。

仪器

(1)分析天平　灵敏度为 0.1 mg。

(2)适当的皿　最好是铝、镍、不锈钢或玻璃皿,配有移动盖,直径为 50～70 mm,高度为 25 mm。

(3)干燥器　配有有效干燥剂。

(4)鼓风式烘箱　可控制恒温在(102±2)℃,烘箱中的温度应均匀。

(5)带密封盖的瓶子　用于混合乳粉。

操作步骤

(1)样品的制备　将样品全部移入 2 倍于样品体积的干燥、带盖的瓶中,旋转振荡,使之充分混合(在此步骤中,不可能得到完全均匀的样品,必须在样品瓶中的相距较远的两点,取两份样品,平行分析)。

(2)测定

①将皿和盖(不要放在皿上)放入(102±2)℃的烘箱中,加热 1 h,加盖,然后将皿移入干燥器中,冷却至室温,称量。

②将 3～5 g 样品放入皿中,加盖,迅速准确称量。

③将皿和盖(不要放在皿上)放入(102±2)℃的烘箱中,加热 3 h。

④加盖，将皿移入干燥器中，冷却至室温，并迅速准确地称量。

⑤再将皿和盖(不要放在皿上)放入(102±2)℃的烘箱中，加热1 h。加盖后移入干燥器中，冷却至室温，迅速称量。

⑥重复上述操作，直到两次连续称量质量之差不超过0.000 5 g。

结果表示：

$$样品中水分=\frac{m_1-m_2}{m_3}\times 100\%$$

式中：m_1 为加入样品后皿和盖的最初质量，g；

m_2 为样品烘干后两次称量获得的较小的质量，g；

m_3 为样品的质量，g。

允许差：两次测得结果的最大偏差不得超过0.05%。

【乳糖、蔗糖和总糖的测定】

(1)婴幼儿配方食品和乳粉中各种糖的测定(高压液相色谱法)

原理：婴幼儿食品中如含有多种糖，可利用高压液相色谱法的碳水化合物柱或氨基柱(Lichrosorb-NH_2 柱)，将它们分离，用示差折光检测器，检出各糖液的折光指数，此折光指数与其浓度成正比。

试剂：所有试剂，如未注明规格，均指分析纯；所有实验用水，如未注明其他要求，均指三级水。

①澄清剂　硫酸铜，质量分数7%；氢氧化钠，质量分数4%。

②乙腈。

③标准糖贮备液　10 mg/mL。精确称取被测糖的标样1 g，溶于水中，用水稀释至100 mL容量瓶内，定容。

④标准糖工作液　4 mg/mL。吸取4 mL贮备液，置10 mL容量瓶中，用乙腈稀释至刻度。

仪器：高压液相色谱仪，带碳水化合物分析柱或氨基柱。

操作步骤

①样液制备　精确称取 2 g 左右样品，加 30 mL 水溶解，移至 100 mL 容量瓶中，加澄清剂硫酸铜 10 mL，氢氧化钠 4 mL，振摇，加水至刻度，静置 0.5 h，过滤。取 4 mL 样品母液置 10 mL 容量瓶用乙腈定容，通过 0.45 μm 过滤器过滤，滤液备用。

②高压液相色谱仪工作条件

R401 示差折光检测器：300 mm×4.6 mm 内径-碳水化合物分析柱（夹套保温 20℃）；流动相为乙腈：水＝85：15；流动相流速为 0.5 mL/min。

③进样　在仪器稳定后，用注射器或进样阀注射 50 μL 标准样液共 4 次，记下保留时间，测定峰高，放弃第一次数据，取后三者平均峰高值，同样进样 50 μL 4 次得出平均峰高。

分析结果的表述：

$$样品中糖含量(g/100\ g)=\frac{c\times H}{H'\times\frac{m}{100}\times\frac{4}{10}\times 1\,000}\times 100=\frac{25c'\times H}{H'\times m}$$

式中：c' 为标准糖溶液浓度，mg/mL；

H 为样品中糖的平均峰高；

H' 为标准糖溶液的峰高；

m 为样品的质量，g。

注：如果需同时测定样品中所含其他糖类，可在标准糖溶液中加入各种糖 1 g，进样如前，记下各种糖保留时间，按上列公式计算各值。

允许差：同一样品两次测定值之差不得超过两次测定平均值的 5%。

(2)适用于全脂乳粉、全脂加糖乳粉、脱脂乳粉和其他总糖中只含有乳糖、蔗糖的乳粉制品中乳糖、蔗糖和总糖的测定（莱因-埃农氏法）

原理：

乳糖：样品经除去蛋白质以后，在加热条件下，直接滴定已标定过的费林氏液，样液中的乳糖将费林氏液中的二价铜还原为氧化亚铜。以次甲基蓝为指示剂，以终点稍过量时，乳糖将蓝色的氧化型次甲基蓝还原为无色的还原型次甲基蓝。根据样液消耗的体积，计算乳糖含量。

蔗糖：样品除去蛋白质后，其中蔗糖经盐酸水解转化为具有还原能力的葡萄糖和果糖，再按还原糖测定。将水解前后转化糖的差值乘以相应的系数即为蔗糖含量。

总糖：乳糖和蔗糖之和。

试剂：所有试剂，如未注明规格，均指分析纯；所有实验用水，如未注明其他要求，均指三级水。

①费林氏液（甲液和乙液）

a. 甲液　取 34.639 g 硫酸铜，溶于水中，加入 0.5 mL 浓硫酸，加水至 500 mL。

b. 乙液　取 173 g 酒石酸钾钠及 50 g 氢氧化钠溶解于水中，稀释至 500 mL，静置两天后过滤。

②次甲基蓝溶液　10 g/L。

③盐酸溶液　体积比 1∶1。

④酚酞溶液　0.5 g 酚酞溶液于 75 mL 体积分数为 95％的乙醇中，并加入 20 mL 水，然后再加入约 0.1 mol/L 的氢氧化钠溶液，直到加入一滴立即变成粉红色，再加入水定容至 100 mL。

⑤氢氧化钠溶液　$c(NaOH)$为 300 g/L。取 300 g 氢氧化钠，溶于 1 000 mL 水中。

⑥乙酸铅溶液　$c(PbAc_2)$为 200 g/L。取 20 g 乙酸铅，溶解于 100 mL 水中。

⑦草酸钾-磷酸氢二钠溶液　取草酸钾 3 g，磷酸氢二钠 7 g，溶解于 100 mL 水中。

操作步骤：

①费林氏液的标定

A. 用乳糖标定

a. 称取预先在 92～94℃烘箱中干燥 2 h，乳糖标样约 0.75 g（准确至 0.2 mg），用水溶解并稀释至 250 mL。将此乳糖溶液注入一个 50 mL 滴定管中，待滴定。

b. 预滴定　取 10 mL 费林氏液（甲、乙液各 5 mL）于 250 mL 三角烧瓶中。再加入 20 mL 蒸馏水，从滴定管中放出 15 mL 乳糖溶液于三角瓶中，置于电炉上加热，使其在 2 min 内沸腾，沸腾后关小火焰，保持沸腾状态 15 s，加入 3 滴次甲基蓝溶液（10.2），继续滴入乳糖溶液至蓝色完全褪尽为止，读取所用乳糖的毫升数。

c. 精确滴定　另取 10 mL 费林氏液（甲、乙液各 5 mL）于 250 mL 三角烧瓶中，再加入 20 mL 蒸馏水，一次加入比预备滴定量少 0.5～1.0 mL 的乳糖溶液，置于电炉上，使其在 2 min 内沸腾，沸腾后关小火焰，维持沸腾状态 2 min，加入 3 滴次甲基蓝溶液，然后继续滴入乳糖溶液（一滴一滴徐徐滴入），待蓝色完全褪尽即为终点。以此滴定量作为计算的依据（在同时测定蔗糖时，此即为转化前滴定量）。

d. 计算乳糖测定时，费林氏液的乳糖校正值（f_1）：

$$A_1=\frac{V_1\times m_1\times 1\,000}{250}=4\times V_1\times m_1$$

$$f_1=\frac{4\times V_1\times m_1}{AL_1}$$

式中：A_1 为实测乳糖数，mg；

V_1 为滴定时消耗乳糖液量，mL；

m_1 为称取乳糖的质量，g；

AL_1 为乳糖液滴定毫升数查表 5 所得的乳糖数，mg。

表 5　乳糖及转化糖因数表(10 mL 费林氏液)

滴定量/mL	乳糖/mg	转化糖/mg	滴定量/mL	乳糖/mg	转化糖/mg
15	68.3	50.5	33	67.8	51.7
16	68.2	50.6	34	67.9	51.7
17	68.2	50.7	35	67.9	51.8
18	68.1	50.8	36	67.9	51.8
19	68.1	50.8	37	67.9	51.9
20	68.0	50.9	38	67.9	51.9
21	68.0	51.0	39	67.9	52.0
22	68.0	51.0	40	67.9	52.0
23	67.9	51.1	41	68.0	52.1
24	67.9	51.2	42	68.0	52.1
25	67.9	51.2	43	68.0	52.2
26	67.9	51.3	44	68.0	52.2
27	67.8	51.4	45	68.1	52.3
28	67.8	51.4	46	68.1	52.3
29	67.8	51.5	47	68.2	52.4
30	67.8	51.5	48	68.2	52.4
31	67.8	51.6	49	68.2	52.5
32	67.8	51.6	50	68.3	52.5

注:“因数”系指与滴定量相对应的数目,可自本表(表 5)中查得。若蔗糖含量与乳糖含量的比超过 3∶1 时,则在滴定量中加表 6 中的校正后计算。

表 6　乳糖滴定量校正值数

滴定终点时所用的糖液量/mL	用 10 mL 费林氏液、蔗糖及乳糖量的比	
	3∶1	6∶1
15	0.15	0.30
20	0.25	0.50
25	0.30	0.60
30	0.35	0.70
35	0.40	0.80
40	0.45	0.90
45	0.50	0.95
50	0.55	1.05

B. 用蔗糖标定

a. 称取在 105℃ 烘箱中干燥 2 h 的蔗糖约 0.2 g（准确到 0.2 mg），用 50 mL 水溶解并洗入 100 mL 容量瓶中，加水 10 mL，再加入 10 mL 盐酸（体积比 1∶1），置 75℃ 水浴锅中，时时摇动，在 2.5～2.75 min，使瓶内温度升至 67℃。自达到 67℃ 后继续在水浴中保持 5 min，于此时间内使其温度升至 69.5℃，取出，用冷水冷却，当瓶内温度冷却至 35℃ 时，加 2 滴甲基红指示剂，用 300 g/L 的氢氧化钠中和至呈中性。冷却至 20℃，用水稀释至刻度，摇匀，并在此温度下保温 30 min 后再按（1）中②和③操作。得出滴定 10 mL 费林氏液所消耗的转化糖量。

b. 计算蔗糖测定时，费林氏液的蔗糖校正值（f_2）：

$$A_2=\frac{V_2\times m_2\times 1\,000}{100\times 0.95}=10.526\,3\times V_2\times m_2$$

$$f_2=\frac{10.526\,3\times V_2\times m_2}{AL_2}$$

式中：A_2 为实测转化糖数，mg；

V_2 为滴定时消耗蔗糖液量，mL；

m_2 为称取蔗糖的质量，g；

AL_2 为由蔗糖液滴定毫升数查表 5 所得的转化糖数，mg。

②乳糖的测定

A. 样品处理

a. 称取 2.5～3 g 样品（准确至 0.01 g），用 100 mL 水分数次溶解并洗入 250 mL 容量瓶中。

b. 加 4 mL 乙酸铅、4 mL 草酸钾-磷酸氢二钠溶液，每次加入试剂时都要徐徐加入，并摇动容量瓶，用水稀释至刻度。静止数分钟，用干燥滤纸过滤，弃去最初 25 mL 滤液后，所得滤液作滴定用。

B. 滴定

a. 预滴定　将此滤液注入一个 50 mL 滴定管中，待测定。取 10 mL 费林氏液（甲、乙液各 5 mL）于 250 mL 三角烧瓶中，再加入 20 mL 蒸馏水，置于电炉上加热，使其在 2 min 内沸腾，沸腾后关小火焰，保持沸腾状态 15 s，加入 3 滴次甲基蓝，然后徐徐滴入乳糖溶液至蓝色完全褪尽为止，读取所用乳糖的毫升数。

b. 精确滴定　另取 10 mL 费林氏液（甲、乙各 5 mL）于 250 mL 三角烧瓶中，再加入 20 mL 蒸馏水，一次加入比预备滴定量少 0.5～1.0 mL 的乳糖溶液，置于电炉上，使其在 2 min 内沸腾，沸腾后关小火焰，维持沸腾状态 2 min，加入 3 滴次甲基蓝溶液，然后一滴一滴徐徐滴入乳糖溶液，待蓝色完全褪尽即为终点。以此滴定量作为计算的依据（在同时测定蔗糖时，此即为转化后滴定量）。

c. 乳糖含量的计算：

$$L=\frac{F_1\times f_1\times 0.25\times 100}{V_1\times m}$$

式中：L 为样品中乳糖的质量分数，g/100 g；

F_1 为由消耗样液的毫升数查表 5 所得乳糖数，mg；

f_1 为费林氏液乳糖校正值；

V_1 为滴定消耗滤液量，mL；

m 为样品的质量，g。

C. 蔗糖的测定

a. 转化前转化糖量的计算　利用测定乳糖时的滴定时，自表 5 中查出相对应的转化糖量，按下式计算：

$$转化前转化糖质量分数=\frac{F_2\times f_2\times 0.25\times 100}{V_1\times m}$$

式中：F_2 为由测定乳糖时消耗样液的毫升数查表 5 所得乳糖数，mg；

f_2 为费林氏液蔗糖校正值；

V_1 为滴定消耗滤液量，mL。

b. 样液的转化及滴定　取 50 mL 样液于 100 mL 容量瓶中，加水 10 mL，再加入 10 mL 的盐酸，置 75℃水浴锅中，时时摇动，在2.5～2.75 min，使瓶内温度升至67℃。达至67℃后，继续在水浴中保持5 min，于此时间内使其温度升至69.5℃，取出，用冷水冷却，当瓶内温度冷却至35℃时，加2滴酚酞溶液剂，用氢氧化钠中和至呈中性，冷却至20℃，用水稀释至刻度，摇匀。并在此温度下保温30 min后再按如下方法滴定，得出滴定10 mL费林氏液所消耗的转化液量。

预滴定：将此滤液注入一个50 mL滴定管中，待测定。取10 mL费林氏液（甲、乙液各5 mL）于250 mL三角烧瓶中，再加入20 mL蒸馏水，置于电炉上加热，使其在2 min内沸腾，沸腾后关小火焰，保持沸腾状态15 s，加入3滴次甲基蓝，然后徐徐滴入蔗糖溶液至蓝色完全褪尽为止，读取所用蔗糖的毫升数。

精确滴定：另取10 mL费林氏液（甲、乙各5 mL）于250 mL三角烧瓶中，再加入20 mL蒸馏水，一次加入比预备滴定量少0.5～1.0 mL的蔗糖溶液，置于电炉上，使其在2 min内沸腾，沸腾后关小火焰，维持沸腾状态2 min，加入3滴次甲基蓝溶液，然后一滴一滴徐徐滴入蔗糖溶液，待蓝色完全褪尽即为终点。以此滴定量作为计算的依据。

$$转化后转化糖质量分数=\frac{F_3\times f_2\times 0.50\times 100}{V_2\times m}$$

式中：F_3为由V_2查得转化糖数，mg；

f_2为费林氏液蔗糖校正值；

m为样品的质量，g；

V_1为滴定消耗转化液量，mL。

D. 蔗糖含量的计算

$$样品中蔗糖含量(g/100\ g)=(L_1-L_2)\times 0.95$$

式中：L_1为转化后转化糖的质量分数，%；

L_2为转化前转化糖的质量分数，%。

d. 若样品中乳糖与蔗糖之比超过3∶1时，则计算乳糖时应在滴定量中加上表 6 中的校正值数后再查表 5 和计算。

e. 总糖＝蔗糖＋乳糖

允许差：

①重复性　由同一分析人员在短时间间隔内测定的两个结果之间的差值，不应超过结果平均值的 1.5％。

②重现性　由不同实验室的两个分析人员对同一样品测得的两个结果之差，不应超过结果平均值的 2.5％。

【杂质度的测定】

杂质度的测定适用于生鲜牛乳、巴氏杀菌乳、脱脂乳等液体加工乳及不含非乳蛋白质，不含淀粉类成分的乳粉的杂质度的测定。杂质度的测定方法是测得的 500 mL 液体乳样品或 62.5 g 乳粉样品中，不溶于约 60℃ 热水、残留于过滤板上的可见带色杂质的数量。

仪器及设备：

①过滤设备　正压或负压杂质度过滤机或 2 000～2 500 mL 抽滤瓶(配有可安放杂质过滤板的瓷质过滤漏斗或特制漏斗)。

②棉质过滤板　直径 32 mm，过滤时牛乳通过面积的直径为 28.6 mm。

③烧杯　500 mL。

操作步骤：取液体乳样 500 mL，加热至 60℃(乳粉样取 62.5 g，用已过滤的水充分调和，加热至 60℃或直接用 60℃水充分调和)。于过滤装置上的棉质过滤板上过滤，用水冲洗附于过滤板上的牛乳。将过滤板置于烘箱中烘干后，在非直接但均匀的光亮处与杂质度标准板比较，即可得出过滤板上的杂质量。

当过滤板上杂质的含量介于两个级别之间时，判定为杂质含量较多的级别。

分析结果的表述：前述与杂质度标准比较得出的过滤板上的杂质量，即为该样品的杂质度。

允许差：按本标准所述方法对同一样品所做的两次重复测定，

其结果应一致，否则应重复再测定两次。

【灰分的测定】

本标准适用于婴幼儿配方食品和乳粉中灰分的测定。

原理：样品于600℃以下灼热、灰化所得的残留物的质量，即为样品的灰分，以质量分数表示。

仪器：

①分析天平。

②瓷坩埚　40～60 mL。用清水清洗后，再用王水浸泡1 h，洗去酸液，置电炉上烧灼0.5 h，取出，称量，待用。

③电炉。

④高温炉　保持温度550℃左右。

⑤干燥器　装有有效干燥剂。

⑥坩埚夹。

操作步骤：

①称取3～5 g样品(准确到0.2 mg)于已准备好并已称量的坩埚中，置于电炉上初步灼烧，使之炭化至无烟。

②移入高温炉维持温度在550℃左右，灼烧，使之成白灰(约2 h)后，冷至100～200℃后取出，放入干燥器中冷却至室温(约30 min)，称量。

③重复②操作，直至前后两次质量差不超过2 mg。

结果表示：

$$样品中的灰分=\frac{m_3-m_1}{m_2}\times100\%$$

式中：m_1 为空坩埚的质量，g；

m_2 为样品的质量，g；

m_3 为坩埚加样品灰分后的质量，g。

结果精确至0.01%。

允许差：同一样品两次测定值之差不得超过两次测定平均值

的 0.05%。

【乳粉溶解度的测定】

原理：每百克样品经规定的溶解过程后，全部溶解的质量。

仪器：离心管（50 mL，厚壁、硬质）；烧杯（50 mL）；离心机；称量皿（直径 50～70 mm 的铝皿或玻璃皿）。

操作步骤：

①称取样品 5 g（准确至 0.01 g）于 50 mL 烧杯中，用 38 mL 25～30℃的水分数次将乳粉溶解于 50 mL 离心管中，加塞。

②将离心管置于 30℃水中保温 5 min，取出，振摇 3 min。

③置离心机中，以适当的转速离心 10 min，使不溶物沉淀。倾去上清液，并用棉栓擦净管壁。

④再加入 25～30℃的水 38 mL，加塞，上、下摇动，使沉淀悬浮。

⑤再置离心机中离心 10 min，倾去上清液，用棉栓仔细擦净管壁。

⑥用少量水将沉淀冲洗入已知质量的称量皿中，先在沸水浴上将皿中水分蒸干，再移入 100℃烘箱中干燥至恒重（最后两次质量差不超过 2 mg）。

分析结果的表述：

$$\text{样品中的溶解度(g/mg)} = 100 - \frac{(m_2 - m_1) \times 100}{(1 - B) \times m}$$

式中：m 为样品的质量，g；

m_1 为称量皿质量，g；

m_2 为称量皿和不溶物干燥后质量，g；

B 为样品水分，g/100 g。

注：加糖乳计算时要扣除加糖量。

允许差：同一样品两次测定值之差不得超过两次测定平均值的 2%。

4. 异常乳的检验

(1)采样　如果有完整大包装，按堆放的不同位置，取总件数1/2，打开大包装，取小包装，混匀，缩减至500 mL(3份)。如果是大桶装，则用虹吸法或者直接用玻璃管分层取样，每层500 mL，混匀，缩减到500 mL(3份)(图11)。

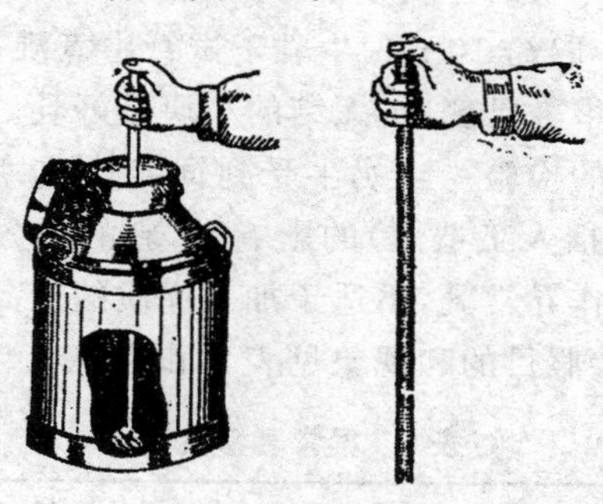

图11　玻璃管取样法

(2)原料乳的感官检验　感官鉴别乳及乳制品，主要指的是眼观其色泽和组织状态、嗅其气味和尝其滋味，应做到三者并重，缺一不可(表7)。

表7　原料乳的感官检验

色泽	为乳白色或稍带微黄色。
组织状态	均匀的流体，无沉淀、凝块和机械杂质，无黏稠和浓厚现象
气味	具有乳特有的乳香味，无其他任何异味
滋味	具有鲜乳独具的纯香味，滋味可口而稍甜，无其他任何异常滋味

(3)感官检测其他方法

①看挂瓶　新鲜牛乳装在透明的玻璃瓶中，用手摇动乳瓶，质量好的牛乳在乳瓶上部空处挂有一层薄薄的乳汁缓慢地向下流动，一般叫挂瓶，若不挂瓶或挂的很少并很快流下，说明牛乳稀薄可能掺了水，若瓶上挂有微小的颗粒可能掺有淀粉类食物，或牛乳

酸度过高发生质量变化。

②看下沉　把一滴牛乳滴入一碗清水中，牛乳立即下沉到水底的是好乳，如滴入水中牛乳在水面向四周扩散是质量不好的乳。

③看形状　把一小滴牛乳滴在指甲盖上形成珠球状的是好乳，不能形成珠球状的是质量不好的乳。

④看状态　取约 10 mL 牛乳于试管中煮沸观察，如有凝结或絮状物产生，则牛乳已变质，无结的小块是好乳。

(4)异常乳的检验　当奶牛受到饲养管理、疾病、气温以及其他各种因素(包括人工造假)的影响时，乳的成分和性质往往发生变化，这种乳称作异常乳，不适于加工优质的产品。

①异常乳掺假目的和现象见表 8 和表 9。

表 8　异常乳掺假目的

掺假目的	方法
增加收入	掺水
增加比重	加入淀粉、豆浆、尿素、水解蛋白
以变质乳冒充优质乳	加入碱性物质、酒精阳性乳、亚硝酸盐
口感好	蔗糖、盐

表 9　异常乳现象

异常现象	问题原因
颜色不正	浅：掺水；有血丝：牛有病
有悬浮物或沉淀	掺了米汤等淀粉物
有杂质	掺碱、盐、糖等或者是不卫生
口感异味	甜：加糖；咸：加盐或牛不健康；涩：加碱或苏打；豆腥味：豆浆；腐败味：变质
不挂杯	酸度高或者掺水
气味异常	酸臭味：变质腐败
外观未见异常	酒精阳性乳

②乳品掺假检验

【掺水检测】

目的:测比重的目的是为了确定鲜乳是否掺了水,鲜乳掺水后比重会降低。正常牛乳的比重应为 1.028～1.032,因此对于比重低于 1.028 的牛乳即可视为异常乳。

检测仪器及设备:比重计(20℃/4℃);温度计(100℃,棒状水银温度计);玻璃量筒(250 mL)(图 12)。

操作方法:将鲜牛乳充分搅拌均匀,取样 400～500 mL,沿量筒壁缓慢倒入,倒入牛乳量占玻璃管的 2/3 就可以了,但注意不要将牛乳倒满,保证无泡沫后,将比重计轻轻插入量筒内,待静止后读数。同时测定牛乳温度,最后算出比重值。

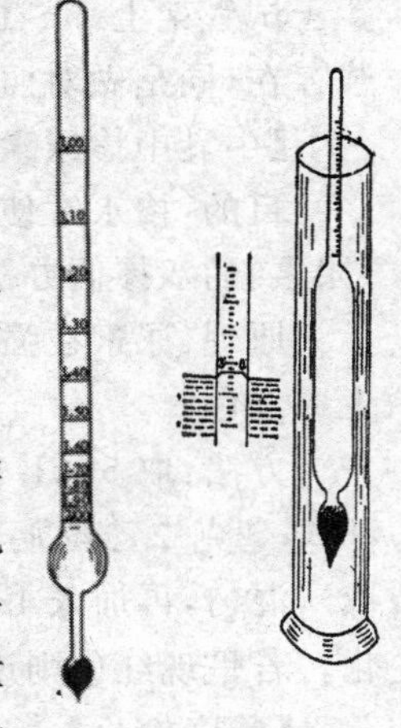

图 12　比重计与温度计、玻璃量筒

【测淀粉、面粉淀粉类物质】

目的:奶农在鲜乳中掺这类物质纯粹是为了增加乳的重量和提高密度。因为这类物质在浓缩工艺中常常会发生焦管现象,故必须严把质量关。本实验用加热煮沸试验后冷却的乳样做灵敏度更高。

检测原理:碘遇淀粉变为蓝色。

试剂配制:10 g 碘与 40 g 碘化钾溶解于 500 mL 蒸馏水中。

操作方法及判定:取乳样 3 mL 于试管中,加入 1 滴淀粉试剂摇匀后观察现象。有淀粉存在时,乳样呈现蓝色。

【乳中豆浆的测定】

目的:加入豆浆为了提高比重,降低成本。

测定原理:豆浆中含有皂角甙与氢氧化钾作用而呈现黄色。

仪器与药品:5 mL 吸管 2 支;2 mL 吸管 1 支;大试管 2 支;28%的氢氧化钾溶液;乙醇乙醚等量混合液。

操作方法:取样乳 5 mL 注入试管中,吸取乙醇乙醚等量混合应付 3 mL 加入试管中,再加入 28%氢氧化钾溶液 2 mL 摇匀后置于试管架上,5～10 min 内观察颜色变化,呈黄色时则表明有豆浆存在,同是做对照试验。

【牛乳中掺尿素(化肥)的检验】

目的:掺水常使牛乳密度低于正常值,才有既掺水又掺化肥(尿素)的双掺假办法欺骗消费者,以提高密度。

原理:尿素在强酸条件下与二乙酰肟及硫氨脲共同加热反应,生成红色;

方法:取 5 mL 待检牛乳于试管中,加 3～4 滴二乙酰肟溶液(600 毫克二乙酰肟及 30 mL 硫氨脲,加蒸馏水 100 mL 溶解制成),混匀,再加入 1～2 mL 磷酸混匀,置水浴中煮沸,观察颜色变化。若呈现红色则说明乳中掺有尿素或被牛尿污染了。

【酸度检验】

原理:乳挤出后在存放过程中,由于微生物的活动,分解乳糖产生乳酸,而使乳的酸度升高。测定乳的酸度,可判定乳是否新鲜。乳酸度以“°T”表示。

乳酸度(°T):是以中和 100 mL 乳中的酸所消耗的 0.1 mol/L 氢氧化钠的毫升数来表示。消耗 0.1 mol/L 氢氧化钠 1 mL 为 1°T,即消耗 0.1 毫克当量氢氧化钠为 1°T。

仪器药品:0.1 mol/L 草酸溶液;0.1 mol/L(近似值)氢氧化钠溶液;10 mL 吸管;150 mL 三角瓶;25 mL 酸式滴定管;0.5%酚酞酒精溶液;0.5 mL 吸管;25 mL 碱式滴定管;滴定架。

操作方法:

①标定氢氧化钠溶液,求出氢氧化钠的校正系数(F)取 0.1 mol/L 草酸($H_2C_2O_4 \cdot 2H_2O$)溶液 20 mL 于 150 mL 三角瓶中,加 2 滴酚酞酒精溶液,以 0.1 mol/L(近似值)氢氧化钠溶液滴定至为红色(1 min 不褪色),并记录其用量(v)。

②滴定乳的酸度　取乳样 10 mL 于 150 mL 三角瓶中,再加

入 20 mL 蒸馏水和 0.5 mL 0.5%酚酞溶液，摇匀，用 0.1 mol/L（近似值）氢氧化钠溶液滴定至微红色，并在 1 min 内不消失为止，记录 0.1 mol/L（近似值）氢氧化钠所消耗的毫升数（A）。

③计算滴定酸度

乳酸度（°T）$=A\times F\times 10$

式中：A 为滴定时消耗的 0.1 mol/L（近似值）氢氧化钠的毫升数；

F 为 0.1 mol/L（近似值）氢氧化钠的校正系数；

10 为乳样的倍数。

根据测定的结果判定乳的品质，见表 10。

表 10　乳品质判定

滴定酸度（°T）	牛乳品质	滴定酸度（°T）	牛乳品质
低于 16	加碱或加水等异常的乳	高于 25	酸性乳
16～20	正常新鲜乳	高于 27	加热凝固
高于 21	微酸乳	60 以上	酸化乳，能自身凝固

【乳中掺苏打、碱面检测】

目的：常见的碱性物质有苏打、碱面等。由于牛乳营养丰富，微生物易于繁殖，特别是在夏季最容易酸败；另外，在牛乳中掺了羊乳也易发生酸败现象，奶农为了掩盖酸败，常常会加碱。测碱的目的就是为了找出这部分异常乳。

检测原理：溴百里香酚蓝指示剂在 pH 6.0～7.6 的碱性溶液中颜色由黄至蓝发生变化。

试剂：0.04%的溴百里香酚蓝乙醇溶液。

操作方法：取乳样 2 mL 于试管中，使试管倾斜，沿管壁小心加入 0.04%的溴百里香酚蓝乙醇溶液 0.6 mL，然后缓慢转动 3～5 次，静置 2 min 后，观察界面环层颜色变化。结果判定见表 11。

表 11　掺碱结果判定　%

环层颜色	含碱量	结论判定
黄色	无碱	合格乳
黄绿色	含碱 0.03	异常乳
淡绿色	含碱 0.05	异常乳
绿色	含碱≥0.1	严重异常乳

【乳中掺碳酸钠的测定】

目的：鲜乳保藏不好酸度会升高。为了避免被检出高酸度乳，有时向乳中加碱-碳酸钠。

测定原理：常用玫瑰红酸定性法。玫瑰红酸的 pH 为 6.9～8.0，遇到加碱而呈碱性的乳，其颜色由肉桂黄色（亦即棕黄色）变为玫瑰红色。

操作方法：于 5 mL 乳样中加入 5 mL 玫瑰红酸液，摇匀，乳呈肉桂黄色为正常，呈玫瑰红色为加碱。加碱越多，玫瑰红色越鲜艳，应以正常乳做对照。

【酒精阳性乳的检验】

目的：主要是在挤乳过程中，由于挤乳机管道、挤乳罐消毒不严、挤乳场环境卫生不良、牛乳保管、运输不当及未及时冷却等，细菌繁殖、生长，乳糖分解成乳酸，乳酸升高，蛋白变性所致。

测定原理：一定浓度的酒精能使高于一定酸度的牛乳产生沉淀。乳中蛋白遇到同一浓度的酒精，其凝固与乳的酸度成正比，即凝固现象愈明显，酸度愈大，否则，相反。乳中蛋白质遇到浓度高的酒精，易于凝固。

试剂：68 度、70 度、72 度的酒精，1～2 mL 吸管、试管。

操作方法：取试管 3 支，编号（1、2、3 号），分别加入同一乳样 1～2 mL，1 号管加入等量的 68 度酒精；2 号管加入等量的 70 度酒精；3 号管加入等量的 72 度酒精。摇匀，然后观察有无出现絮片，确定乳的酸度见表 12。

表 12　酒精阳性乳结果判定

酒精浓度/度	不出现絮片酸度
68	20°T 以下
70	19°T 以下
72	18°T 以下

【加入饴糖、白糖的检验】

目的：增加比重，改善口感

测定原理：利用蔗糖与间苯二酚的呈色反应。

试剂：5 mL 吸管 1 支；量筒 1 支；50 mL 烧杯 1 个；试管 1 支；50 mL 三角瓶 1 个；漏斗 1 个；滤纸 2 张；100 mL 烧杯 1 个；电炉 1 个；0.1 g 间苯二酚 1 包。

操作方法：量取 30 mL 乳样于 50 mL 烧杯中，然后加入 2 mL 浓盐酸，混匀，待乳凝固后进行过滤。吸取 15 mL 滤液于试管中，再加入 0.1 g 间苯二酚，混匀，溶解后，置沸水中数分钟。

判定标准：出现红色者为掺糖可疑。

【加入食盐的检验】

目的：增加比重，改善口感。

测定原理：在一定量牛乳样品中，硝酸盐与铬酸钾发生红色反应。牛乳中氯离子含量超过了天然乳，全部生成氧化银沉淀，呈现黄色反应。

试剂：0.01 mol/L 硝酸银溶液和 10％铬酸钾溶液。

测定方法：取 5 mL 0.01 mol/L 硝酸银溶液和 2 滴 10％铬酸钾溶液，于试管中混匀；加入待检乳样 1 mL，充分混匀，如果牛乳呈黄色，说明其中氯离子的含量大于 0.14％（天然乳中氯离子含量 0.09％～0.12％）。如果呈红色，则氯离子含量正常。

【加入水解蛋白检验】

目的：乳制品企业以蛋白质含量计价，部分奶农为了掺水不使蛋白质含量降低，同时也能提高非脂干物质的含量而向原乳中加水解蛋白粉。

原理:用硝酸汞沉淀除去乳酪蛋白,但水解蛋白不会被除去,与饱和苦味酸产生沉淀反应。

试剂配制:

除蛋白试剂:硝酸汞 14 g,加入 100 mL 蒸馏水,加浓硝酸约 2.5 mL,加热助溶,待试剂全部溶解后加蒸馏水至 500 mL。

饱和苦味酸溶液:称取苦味酸 3 g,加蒸馏水至 200 mL。

操作方法:取 100 mL 乳样,在水浴中加热浓缩到 60 mL,冷却至 20℃时取 5 mL 乳样,加除蛋白试剂 5 mL 混合均匀,过滤,取滤液约 1 mL,沿试管壁慢慢加入饱和苦味酸溶液约 0.5 mL 形成环状接触面。

结果判断:正常原乳,滤液清亮,加苦味酸试剂后接触面无变化;掺水解蛋白粉的原乳,滤液呈半透明,略带乳青色,加苦味酸试剂后接触面呈白色环状。掺水解蛋白粉越多,滤液越不透明,白色沉淀越明显。最低检出量 0.1%。

结论:水解蛋白粉是用废草皮革、毛发等下脚料加工提炼而成,根本不能食用,而且其中的重金属含量以亚硝酸盐等治病物质含量较高。长期食用含有水解蛋白粉的牛乳及乳粉,会对人体造成极大的伤害。

【亚硝酸盐检测】

原理:亚硝酸盐在酸性条件下与对氨基苯磺酸重氮化后再与 α-萘胺偶合成紫红色,颜色深浅与亚硝酸盐多少相关。

药品的配制:显色剂,准确称取 0.1 g α-萘酚,0.2 g α-萘胺,0.6 g 无水对氨基苯磺酸,先加入 200 mL 蒸馏水溶解,溶解后再加入 200 mL 冰乙酸,充分混匀,配制好后置冰箱中保存。

方法:2 mL 乳样+1 mL 显色剂→混匀。

结果判定:2~3 min 后观察,当牛乳颜色变为微粉色,判定亚硝酸盐含量为微量;牛乳颜色变为微红色,判定亚硝酸盐含量为中量;牛乳颜色变为红色,判定亚硝酸盐含量为大量。

【乳中抗生素残留的检验】

牛场内经常应用抗生素治疗乳牛的各种疾病，特别是奶牛的乳腺炎，有时用抗生素直接注射乳房部位进行治疗，因此凡经抗生素治疗过的乳牛，其乳中在一定时期内仍残存着抗生素。对抗生素有过敏体质的人服用后就会发生过敏反应，也会使某些菌株对抗生素产生抗药性。因此，检查乳中有无抗生素残留已成为一项急需开展的常规检验工作。氯化三苯四氮唑(TTC)试验是用来测定乳中有无抗生素残留的一种比较简易的方法。

原理：细菌生物氧化有 3 种方式，即加氧、脱氢和脱电子。当样品中加入嗜热链球菌后，如果样品中没有抗生素残留，嗜热链球菌就生长繁殖，在新陈代谢过程中进行生物氧化，其中脱出的氢可以和加在样品中的氧化型 TTC 结合而成为还原型 TTC，氧化型 TTC 是无色的，还原型 TTC 是红色的，所以可以使样品变红色。相反，如果样品中存在抗生素，嗜热链球菌就不能生长繁殖，没有氢释放，氧化型 TTC 也不被还原仍为无色，样品也不变色。

设备和材料：水浴锅；恒温培养箱；温度计；试管架；灭菌 10 mL 吸管；灭菌 1 mL 吸管；灭菌 15 mm×150 mm 试管；杀菌锅；嗜热链球菌种。

检验程序：

菌液制备：将经培养分离后得到的嗜热链球菌移至 10％的灭菌脱脂乳中，(36±1)℃、15 h 培养后，以 10％的灭菌脱脂乳 1∶1 稀释待用。

检验：取检样 9 mL，置 15 mm×150 mm 试管，80℃水浴加热 5 min，冷却至 37℃以下，加菌液 1 mL，(36±1)℃水浴培养 2 h，加 4％的 TTC 0.3 mL，(36±1)℃水浴培养 30 min，观察如为阳性，再水浴培养 30 min 做第二次观察。每份检样做 2 份，另外再做阴性、阳性对照各 1 份，阳性对照管用 10％的灭菌脱脂乳 8 mL 加抗生素 1 mL 及菌液和 TTC。阴性对照管用 10％的灭菌脱脂乳 9 mL 加菌液和 TTC。

判断方法:准确培养 30 min 观察结果,如为阳性,再继续培养 30 min 做第二次观察。观察时要迅速,避免光照过久发生干扰。乳中有抗生素存在,则检样中虽加入菌液培养物,但因细菌的繁殖受到抑制,因此指示剂 TTC 不还原,不显色。与此相反,如果没有抗生素存在,则加入菌液即行增殖,TTC 被还原而显红色,也就是说检样呈乳的原色时为阳性,呈红色为阴性(表 13、表 14)。

表 13　显色状态标准判断

显色状态	判断
未显色者	可疑
微红色者	可疑
桃红色→红色	阴性

表 14　检测各种抗生素的灵敏度

抗生素名称	最低检出量/(mg/kg)
青霉素	0.004
链霉素	0.5
庆大霉素	0.4
卡那霉素	5

【碳酸钙检测】

原理:离心沉淀出的碳酸钙遇盐酸生成二氧化碳,产生气泡,根据是否有气泡产生定性判定牛乳中是否掺有碳酸钙。

试剂:碳酸钙,1∶1 盐酸溶液。

仪器设备:万分之一天平;低速离心机;15 mL 离心管;10 mL 刻度吸管;1 mL 刻度吸管。

操作方法:取 1 支 15 mL 离心管,加入待检样品 10 mL,将上述离心管于离心机中,3 000 r 离心 5 min;倾去上层样液,加 10 mL 蒸馏水,于离心机中,3 000 r 离心 5 min;倾去上清液,观察是否有沉淀:如果没有沉淀报出碳酸钙阴性;如果有沉淀向离心管中沉淀处加入 1 mL 1∶1 盐酸,边加边观察反应现象。

上述检测待检样品同时以正常牛乳做阴性对照。结果判定见表 15。

表 15　碳酸钙检测结果判定

乳样反应	碳酸钙含量	结果判定
加入盐酸无气泡产生	<0.1%	阴性
加入盐酸有气泡产生	≥0.1%	阳性

【乳中非蛋白氮的测定】

原理：本测试方法通过添加三氯乙酸，使体系中三氯乙酸的含量大约为12%，以沉淀除去乳及乳制品中的蛋白质，沉淀的乳蛋白经过滤除去，剩余到滤液中的但含量则为非蛋白氮的含量。

试剂：三氯乙酸溶液（溶解15.00 g三氯乙酸于100 mL的容量瓶中，然后用水稀释到刻度）；盐酸标准溶液（0.01 mol/L）。

设备：水浴锅；锥形瓶；移液管；漏斗；滤纸；烧杯。

测试样品的制备：经样品于38℃水浴加热，然后充分混合样品并避免产生泡沫。冷却到室温后，立即称样。

分析过程：

①称量：用（10±0.1）mL移液管量取10 mL的样品于预先称重锥形瓶中，称量样品，并精确到0.1 mg。

②测定：

a. 沉淀和过滤：加（40±0.5）mL的三氯乙酸溶液于上述锥形瓶中，摇匀，静置5 min充分沉淀。过滤，收集滤液。

b. 过滤液的准备：滤液充分摇匀后，量取20 mL的滤液到50 mL的烧杯中并称重，将滤液转移至消化容器中并再次称重，两次称重精确到0.1 mg。然后，加入适量的硫酸钾和硫酸铜。

c. 消化和蒸馏：于消化容器中加入适量的浓硫酸后进行消化和蒸馏。

d. 滴定：用0.01 mol/L的盐酸进行滴定游离氨。

e. 空白测定：含有0.1 g蔗糖的空白加入（16±0.5）mL的三氯乙酸，然后按上述过程进行沉淀、过滤、消化、蒸馏并滴定。如果空白值变化，要查明原因。

结果的计算和表示

$$w_{np}=\frac{1.400\ 07(V_s-V_b)M_r}{m_f m_m(m_t-0.06\ 5m_m)}$$

公式中符号的含义如下：

w_{np} 为样品中非蛋白氮的含量，%；

V_s 为样品消耗的盐酸体积，mL；

V_b 为空白消耗的盐酸体积，mL；

M_r 为盐酸的摩尔浓度，mol/L；

m_f 为 20 mL 过滤液的质量，g；

m_m 为样品的质量，g；

m_t 为加入 40 mL 三氯乙酸后所称得的质量；

0.065 为脂肪和蛋白的响应因子，应根据样品具体给出。

【铵盐检测】

铵盐测试试剂的配制：

①取碘化汞 45.5 g 及碘化钾 34.9 克溶于热的（60℃左右）100 mL 蒸馏水中。

②取氢氧化钾 112 g 溶于 50 mL 蒸馏水中，冷却至室温。

③将以上两种溶液混合，用蒸馏水稀释定容至 1 L 容量瓶中，放置 2～3 d，待试剂澄清后移入棕色试剂瓶中待用。

铵盐测试试剂存放于阴凉干燥处，当溶液出现浑浊、沉淀、变色等异常现象停止使用。

检测方法：取待测乳样 2 mL 于试管中，加铵盐测试试剂 2 mL，混匀，立即（10 s 内）观察乳样颜色变化。

在每批样品检测时，同时做阴性对照。如果阴性样品检测的乳样颜色为白色或不变色时，其他样品对照比色板出具结果；否则需要重新检测。

在每批药品配制后，做一次阳性对照。阳性样品采用 0.05% 的氯化铵人为掺假牛乳，如果阳性样品检测的乳样颜色为黄色或黄褐色时，此批药品可以投入使用；否则需要重新配制。铵盐检测结果判定见表 16。

表 16　铵盐检测结果判定　　%

乳样颜色	铵盐量	结果判定
不变色、白色	<0.025	无
黄色、黄褐色	0.025～0.1	微量
褐色	0.25～1	中量
深褐色	2～5	大量

【甲醛检测】

由于甲醛有防腐消毒作用，一些乳户在原乳中加入甲醛以达到收乳时的微生物指标，甲醛为较高毒性的物质，在我国有毒化学品优先控制名单上甲醛高居第二位。以下两种方法都可以检出牛乳中甲醛掺假。

原理：间苯三酚在催化剂氢氧化钠催化下与甲醛发生反应，生成高分子量的带有颜色的物质。

试剂：氢氧化钠间苯三酚溶液：先称取 12 g 氢氧化钠溶于 100 mL 水中，配成 12%的氢氧化钠溶液，然后再称取 1 g 间苯三酚，溶于 100 mL 12%氢氧化钠（NaOH）溶液中。

仪器设备：1 mL 移液枪（或刻度吸管），5 mL 移液枪（或刻度吸管），18 mm×180 mm 试管，万分之一天平。

操作方法：直接将 3 mL 原乳样品加入到试管中，再加入 0.5 mL 上述所配混合试剂，不要振荡，在 1 min 内通过目测观察试管底部的显色反应，检测时做一份阴性对照。甲醛检测结果判定见表 17。

表 17　甲醛检测结果判定

试管底部的乳样颜色	结果判定
不显色（乳白色）	阴性
显微红色或红色	阳性

【硫代硫酸钠检验】

原理：碘与淀粉在有碘离子存在时能形成一种蓝色可溶性的吸附化合物，当加入硫代硫酸钠后，硫代硫酸钠与碘反应，从而使蓝色消失。反应的化学式为：$I_2 + 2S_2O_3^{2-} = 2I^- + S_4O_6^{2-}$，本法检出限为 0.007%。

仪器：移液枪，规格 50～100 μL、规格 2 mL；试管，Φ18 mm×180 mm；试管架。

试剂配制：

①碘-碘化钾溶液：7 g 碘与 18 g 碘化钾溶于 100 mL 水中，稀释至 1 000 mL；储存于棕色试剂瓶中，避光保存。

②10 g/L 淀粉指示剂：10 g 淀粉溶于 1 000 mL 蒸馏水中，必要时可以加热。

操作步骤：取 2 mL 牛乳于试管中，加入 2 滴淀粉指示剂，摇匀后，精确加入 50 μL 碘-碘化钾溶液，摇匀后立即观察颜色（10 s 内观察）。

每次检测样品的同时必须用正常牛乳（或正常 12% 的复原乳）做阴性对照。

结果判定：依据表 18 进行判定。

表 18　原乳中硫代硫酸钠掺假判定标准　　%

原乳中硫代硫酸钠含量	样液颜色	结果判定
0	有蓝色出现	阴性
≥0.007	无蓝色出现	阳性

【硼酸检测】

试剂：姜黄试纸；pH 广泛试纸（pH 1～14）；浓氨水；分析纯盐酸：浓度 36%～38%，密度为 1.19 g/mL；10%盐酸：取 23 mL 上述分析纯盐酸，定容至 100 mL，即为 10%的溶液（分析纯盐酸浓度 36%～38%，密度为 1.19 g/mL，若配制 100 mL 10%溶液方法为：$10\% \times 100 = V \times 1.19 \times mb$，式中：$V$ 为分析纯浓盐酸的体积、mb 为分析纯浓盐酸的浓度）。

仪器设施：

设备：台式吹风干燥器（风干机）；通风橱。

器皿物品：容量瓶；试剂瓶；烧杯；刻度吸管；量筒等。

方法步骤：取乳样 10 mL 于烧杯中，用 10%盐酸溶液调溶液 pH 到 3 以下；

撕一片硼酸盐试纸，用试纸尖端蘸取少许样品溶液，用风干机吹干或待试纸晾干后观察试纸变色情况。硼酸检测结果判定见表 19。

表 19　硼酸检测结果判定

试纸颜色变化	氨水验证颜色	结果判定
不变色	砖红色	阴性
橘红色	暗绿色	阳性

【重铬酸钾掺假检测】

重铬酸钾（$K_2Cr_2O_7$）又名红矾钾，橙红色三斜晶系板状结晶，不吸湿，有刺激性气味，能溶于水但不溶于醇。该物质可用做强氧化剂、着色剂、漂白剂、防腐剂，具有腐蚀性，与有机物接触、摩擦、撞击能引起燃烧、爆炸。主要用于制造防锈涂料、皮革鞣制、塑料涂抹及印刷。1%的水溶液其 pH＝4.04，10%的水溶液其 pH＝3.57，和浓硫酸配起来就是我们所说的“洗液”。

原理：利用重铬酸钾与硝酸银反应生成黄色的重铬酸银，可检出掺假乳。

操作方法：取 2 mL 乳样于试管中，加入 2 mL 2%的硝酸银，振荡摇匀后观察颜色的变化，如出现黄色判定为掺重铬酸钾。重铬酸钾掺假检测验证结果见表 20。

表 20　重铬酸钾掺假检测验证结果　%

重铬酸钾占正常牛乳的浓度百分比	乳样颜色	掺假试验的结果判定
0	白色	不含 $K_2Cr_2O_7$
0.1	橘黄	含 $K_2Cr_2O_7$
0.005	米黄	含 $K_2Cr_2O_7$
0.002	稍黄	含 $K_2Cr_2O_7$
0.000 1	只有和正常原乳作对比才能比出稍微有点黄色	很难判定

(五)食品标签及其检验

食品标签是指在食品包装容器上或食品包装物上的附签、吊牌、文字、图形、符号等说明物。内容真实完整的食品标签可以准确地向消费者传递该食品的质量特性、安全特性以及食用、饮用方法等信息,是保护消费者知情权和选择权的重要体现。

除了《食品安全法》外,与食品标签有关的技术标准和法规还有《预包装食品标签通则》(GB 7718—2004)、《预包装特殊膳食用食品标签通则》(GB 13423—12004)、国家质量监督检验检疫总局的《食品标识管理规定》、卫生部的《食品营养标签管理规范》、国家工商总局的《流通环节食品安全监督管理办法》等。

对于预包装,《食品安全法》第四十二条规定,预包装食品标签应当标明下列事项:名称、规格、净含量、生产日期;成分或者配料表;生产者的名称、地址、联系方式;保质期;产品标准代号;贮存条件;所使用的食品添加剂在国家标准中的通用名称;生产许可证编号;法律、法规或者食品安全标准规定必须标明的其他事项;专供婴幼儿和其他特定人群的主辅食品,其标签还应当标明主要营养成分及其含量。《预包装食品标签通则》的规定则更具体,其

5.1～6.2 条款规定了必须标注贮藏条件的情形，即“如果食品的保质期或保存期与储藏条件有关，应标示食品的特定贮藏条件”。

对于散装食品，《食品安全法》第四十一条规定：食品经营者销售散装食品，应当在散装食品的容器、外包装上标明食品的名称、生产日期、保质期、生产经营者名称及联系方式等内容。《食品安全法》第六十六条规定：进口的预包装食品应当有中文标签、中文说明书。标签、说明书应当符合本法以及我国其他有关法律、行政法规的规定和食品安全国家标准的要求，载明食品的原产地以及境内代理商的名称、地址、联系方式。

食品标签检查应当按照程序进行，并注意把握不同的重点。

第一步，检查标签标注痕迹是否完整、清楚、明显、容易辨识，这是因为食品经营中的食品标签常见问题有日期标注不清晰，没有标注保质期、生产日期等。第二步，检查食品包装标志标签内容，重点检查食品的生产日期、保质期、储存条件以及主辅料成分等标志标签内容是否完整、规范，是否存在虚假表述等问题。

应当通过查看食品标签标注的信息，延伸检查食品经营者的经营行为。比如，某预包装食品包装袋上标注“生产日期见包装袋顶部”，但通过检查却发现该食品的生产日期被标注在了包装袋的其他部位。进一步检查，又发现货架上摆放的同品牌、同规格的食品中有若干袋在生产日期标注的原部位留有模糊的阿拉伯数字痕迹。这时，就必须实施延伸检查，认真比对经营者的进销货台账，以便确认经营者是否为了掩盖销售过期食品的事实，抹去生产商标注在原部位的生产日期，而擅自在其他部位标注新的生产日期。

应当根据食品标签标注的储存条件，判断经营者是否按照要求销售预包装食品。常见的冰鲜冷冻食品均有明确的储存条件要求，比如，味全优酪乳储存条件为 2～6℃，湾仔码头水饺储存方法为－18℃冷冻保存等。但有的经营者因硬件设施不符合关于食品储存的法定条件，便将购入的大规格预包装食品分拆成小规格包装，然后在粘贴的食品标志上自行标注“包装日期：×年×月×日”、“保质期：×年×月×日”等。这样，就隐瞒了生产商对于该食品储存条件的明确要求。

乳制品应按照国家有关规定贴有标签，必须标注以下内容：食品名称、配料表、净含量、产品种类、制造者的名称和地址、产品标准号、生产日期、保质期和储藏指南。

另外，酸牛乳、巴氏杀菌乳和灭菌乳应标明蛋白质、脂肪、非脂乳固体含量。全脂乳粉、脱脂乳料、全脂加糖乳粉和调味乳粉应标明蛋白质和脂肪含量，其中全脂加糖乳粉还应标明蔗糖含量；乳油应标明脂肪含量；加糖炼乳和无糖炼乳应标明蛋白质、脂肪、全乳固体含量。单一原料的产品可以免除标注配料表；以乳粉为原料生产的乳制品须标明“复原乳”。各种配料应按制造或加工食品时加入量的递减顺序一一排列；使用复原乳必须严格按标准的要求在配料表中如实标识。

乳制品张贴标签的目的是引导和指导消费者正确选购食品，做到公正、公开、透明，以保护消费者的权益；向消费者承诺，便于消费者了解和投诉；向监督机构提供监督检查依据；促进销售和维护食品制造者的合法权益。

测试题

一、单项选择题

1. 分光光度计的原理是用棱镜或衍射光栅把(　　)滤成一定波长的单色光，然后测定这种单色光透过液体试样时被吸收的情况。

A. 绿光　　B. 蓝光　　C. 黄光　　D. 白光

2. 准确度反映的是测定系统中存在的(　　)的指标。

A. 系统误差　　　　B. 系统误差和偶然误差

C. 偶然误差　　　　D. 误差分散程度

3. 乳品中碳酸钙的检测原理是(　　)。

A. 碳酸钙遇盐酸产生二氧化碳　B. 碳酸钙能使乳品发酸

C. 碳酸钙不会出现沉淀物　D. 以上都不对

4. 乳中检测到存在抗生素时,因(　　)不能生长繁殖造成没有氢释放,造成 TTC 不能被还原,样品不会变色。

A. 大肠杆菌　B. 沙门氏菌

C. 嗜热链球菌　D. 葡萄球菌

5. 液态乳制品在感官评价时的温度一般是(　　)℃。

A. 14～16　B. 20～26

C. 24～26　D. 26～30

6. 乳品中如掺有水解蛋白,加入饱和苦味酸会(　　)。

A. 变成紫红色　B. 出现沉淀

C. 产生气泡　D. 变成黄色

二、多项选择题

1. 食品分析的一般程序为(　　)。

A. 样品的采集　B. 样品的制备和保存

C. 样品的预处理　D. 成分分析

2. 下列对于采集样品过程中应注意的事项说法正确的是(　　)。

A. 一切采样工具,如采样器、容器、包装纸等都应清洁,不应将任何有害物质带入样品中

B. 供微生物检验用的样品,应严格遵守无菌操作规程

C. 感官性质不同的样品可以混在一起,不需要另行包装

D. 样品采集完毕后,应迅速送往检测室进行分析,以免发生变化

3. 有机物破坏法主要用于食品中无机元素的测定,主要的方法有(　　)。

A. 干法灰化　B. 浸提法

C. 湿法硝化　　　　　　　　　　D. 离子交换法

4. 下列数据在乳稠计测量范围内的是(　　)。

A. 0.987　　B. 1.003　　C. 1.015　　D. 1.030

5. 下列关于牛乳化学组成说法正确的是(　　)。

A. 牛乳是由复杂的化学成分所组成，它是具有胶体特性的液体

B. 牛乳中有上百种物质所组成，但主要为水、脂肪、蛋白质、乳糖、维生素、盐类、气体等

C. 水分是乳中的主要成分

D. 维生素或其前体物并非为乳腺所合成，是由血液中原有物质进入乳中

6. 下列关于乳在加工过程中的物理化学性质叙述正确的是(　　)。

A. 将乳迅速冷却是获得优质原料的必要条件

B. 新鲜牛乳中含有一种抗菌物质——乳烃素

C. 乳在冻结过程中由于水形成冰晶体析出，使乳的电解质浓度提高

D. 乳的杀菌和灭菌都是以热处理为主

三、判断题

1. 在我国 GB 6914 生鲜牛乳收购标准对理化指标的规定中，要求原料乳的脂肪含量大于等于 3.10%(以乳酸计)。(　　)

2. 在我国 GB 6914 生鲜牛乳收购标准的规定中，每毫升Ⅰ级生乳中细菌总数不得超过 100 万个。(　　)

3. 在我国酸奶成分标准的规定中，由全脂乳生产的纯酸奶脂肪含量大于等于 5%。(　　)

4. 在全脂乳粉的理化指标中，水分含量小于等于 3%。(　　)

5. 测定甜乳粉中乳糖含量时，加入草酸钾—磷酸氢二钠的作

用是为了沉淀蛋白质。( )

6. 使用分析天平时,不可将热物体放在托盘上直接称量。( )

四、技能操作题

1. 如何检测牛乳中是否掺入尿素?

2. 鉴别鲜乳质量的感官检验的方法。

测试题参考答案

1. 单项选择题:1. D 2. B 3. A 4. C 5. A 6. B

2. 多项选择题:1. ABCD 2. ABD 3. AC 4. CD 5. ABCD 6. ABCD

3. 判断题:1. √ 2. × 3. × 4. √ 5. × 6. √

五、乳制品微生物检验

(一)培养基和器皿准备

1. 常用培养基的制备

(1)细菌、放线菌培养基

①牛肉膏蛋白胨液体培养基(又称营养肉汤,用于细菌培养)

【成分】牛肉膏 3 g,蛋白胨 10 g,NaCl 5 g,蒸馏水 1 000 mL,pH 7.4。

【制法】将各成分溶解于水中,以 1 mol/L NaOH 溶液校正 pH 7.4,分装锥形瓶(分装量以锥形瓶容积的 1/3～1/2 为宜)或试管(分装至试管高度 1/4 左右为宜),0.1 MPa 灭菌 20 min 后备用。

②牛肉膏蛋白胨琼脂培养基(又称营养琼脂培养基,用于培养细菌)

【成分】蛋白胨 10 g,牛肉膏 3 g,NaCl 5 g,琼脂 15～17 g,水 1 000 mL,pH 7.4。

【制法】将除琼脂以外的各成分溶解于水中,以 1 mol/L NaOH 溶液校正 pH 7.4,分装锥形瓶(分装量以锥形瓶容积 1/2～2/3 为宜)而后按培养基的量加入 1.5%～1.7% 琼脂,0.1 MPa 灭菌 20 min 后倒平板备用。若制备斜面培养基则加热煮沸使琼脂熔化,趁热分装试管(分装量以试管高度的 1/5 为宜),0.1 MPa 灭菌 20 min 后摆成斜面备用。

(2)乳酸菌培养基

①琼脂乳培养基(用于培养活化乳酸菌)

【成分】鲜牛乳或脱脂乳粉。

【制法】将鲜牛乳煮沸后，以100℃水浴20～30 min，待冷后，装入锥形瓶内，静置于冰箱内冷却过夜后，脂肪即可上浮。用虹吸法或吸管吸出底部脱脂乳，以除去上层脂肪。也可将牛乳以3 000 r/min离心1 h，除去表面脂肪。若制备10%或15%复原脱脂乳，将10 g或15 g脱脂乳粉溶于1 000 mL水中即可。分装试管（加量为试管的1/3处）或锥形瓶内。用0.07 MPa灭菌20 min，置于4℃冰箱保存备用。

②改良TJA培养基（改良番茄汁琼脂培养基，用于培养、分离、计数乳酸球菌）

【成分】番茄汁50 mL，酵母抽提液5 g，牛肉膏10 g，乳糖20 g，葡萄糖2 g，磷酸氢二钾2 g，吐温-80 1 g，乙酸钠5 g，琼脂15 g，蒸馏水加至1 000 mL。

【制法】首先制作番茄汁。将新鲜的番茄洗净，切碎放入锥形瓶中，置于4℃冰箱中保存8～12 h，取出后用纱布过滤。如果使用不完，将其置于0℃冰箱内，可保存4个月之久。如要使用，让其在常温下自然溶解即可。将所有成分加入蒸馏水中，加热溶解，校正pH为(6.8±0.2)分装，121℃高温灭菌15～20 min。临用时加入熔化琼脂，冷却至50℃再使用。

(3)酵母菌、霉菌培养基

①马铃薯-葡萄糖琼脂培养基（简称PDA，用于培养、分离、计数酵母菌和霉菌）

【成分】马铃薯（去皮切块）300 g，葡萄糖20 g，琼脂20 g，蒸馏水1 000 mL。

【制法】将马铃薯去皮切块，加1 000 mL蒸馏水，煮沸10～20 min，用纱布过滤，补加蒸馏水至1 000 mL。加入葡萄糖和琼脂，加热熔化，分装，121℃灭菌20 min。

②孟加拉红培养基（用于分离、计数酵母菌和霉菌）

【成分】蛋白胨5 g，葡萄糖10 g，磷酸氢二钾1 g，硫酸镁（$MgSO_4 \cdot 7H_2O$）0.5 g，琼脂20 g，1/3 000孟加拉红溶液

100 mL,蒸馏水 1 000 mL,氯霉素 0.1 g。

【制法】上诉各成分加入蒸馏水溶解后,再加孟加拉红溶液。另用少量乙醇溶液溶解氯霉素,加入培养基中,分装后,121℃灭菌 20 min。

(4)常见肠道菌群培养基

①伊红美兰琼脂(用于大肠杆菌、志贺氏菌等肠道菌的分离与鉴定)

【成分】蛋白胨 10 g,乳糖 10 g,磷酸氢二钾 2 g,琼脂 17 g,2%伊红溶液 20 mL,0.65%美兰溶液 10 mL,蒸馏水 1 000 mL。

【制法】将蛋白胨、磷酸盐和琼脂溶解于蒸馏水中,校正 pH 至 7.1,分装于烧瓶内,121℃高温灭菌 15min 备用。临用时加入乳糖并加热融化琼脂,冷至 50～55℃,加入伊红和美兰溶液,摇匀,倾注平板。另外,现在市场上有直接配制好的伊红美兰琼脂培养基,按照标签上标示的添加量溶解,无须调节 pH,直接分装于烧瓶中,高温灭菌备用。

②乳糖发酵培养基(用于测定大肠菌群)

【成分】蛋白胨 20 g,猪胆盐(或牛、羊胆盐)5 g,乳糖 10 g,0.04%溴甲酚紫水溶液 25 mL,蒸馏水 1 000 mL。

【制法】将蛋白胨、胆盐及乳糖溶于水中,校正 pH 至 7.4,加入指示剂,每管 10 mL 分装,并放入一个小导管,115℃高温灭菌 15 min。

注:双料乳糖胆盐发酵管除蒸馏水之外,其他成分加倍。

2. 器皿及其他准备

(1)器皿准备

①玻璃器皿的洗涤

a. 新购入的玻璃器皿　因附着游离碱质,须用 1%～2%盐酸溶液浸泡数小时或过夜,以中和其碱质,然后用清水反复冲刷,去除遗留的酸,最后用蒸馏水冲洗 2～3 次,倒立使之干燥或烘干。

b. 一般使用过的器皿(如配制溶液、试剂及制造培养基等)

可用后立即用清水冲净。凡沾有油污者，可用肥皂水煮半小时后趁热冲刷，再用清水冲洗干净，最后用蒸馏水冲洗 2～3 次，晾干。

c. 载玻片和盖玻片　用完立即浸泡于消毒液（2%～3%来苏儿或 0.1%新洁尔灭）中，经 1～2 d 取出，用洗衣粉液煮沸 5 min，再用毛刷刷去油脂及污垢，然后用清水冲洗，晾干或将洗净的玻片用蒸馏水煮沸，趁热把玻片摊放在干毛巾或干纱布上，待干燥后保存备用或浸泡于 95%酒精中备用。

d. 细菌培养用过的试管、平皿等　须经高压蒸汽灭菌后趁热倒去内容物，立即用肥皂水刷去污物，然后用清水冲洗，最后用蒸馏水冲洗 2～3 次，晾干或烘干。

e. 对污染有病原微生物的吸管　用后投入盛有消毒液（2%～3%来苏儿或 5%苯酚）的玻璃筒内（筒底必须有棉花，消毒液要淹没吸管），经 1～2 d 后取出，浸入 2%肥皂粉液中 1～2 h（或煮沸）取出，再用一根橡皮管，使一端接于自来水龙头，另一端与吸管口相接，用自来水反复冲洗，最后用蒸馏水冲洗。

如遇玻璃器皿用上述方法不能洗净者，可用下列清洗液浸泡后洗刷。

重铬酸钾（工业用）80 g，粗硫酸 100 mL，水 1 000 mL。

将玻璃器皿浸泡 24 h 后取出用水冲洗干净。清洗液经反复使用变黑，重新换液。此液腐蚀性强，用时切勿触及皮肤或衣服等，可戴上橡胶手套和穿上橡胶围裙操作。

②玻璃器皿的包装

a. 培养基　将合适的底盖配对，装入金属盒内或用报纸 5～6 个一摞包成一包。

b. 试管、三角烧瓶等　于开口处塞上大小合适的棉塞或纱布塞（也可用各种型号的软木塞），并在棉塞、瓶口之外，包以牛皮纸，用细绳扎紧即可。

c. 吸管　在用口吸的一端，加塞棉花少许，松紧要适宜，然后用 3～5 cm 宽的长纸条（旧报纸），由尖端缠卷包裹，直至包没吸管将纸条合拢。

d.乳钵、漏斗、烧杯等　可用纸张直接包扎或用厚报纸包严开口处，再以牛皮纸包扎。

③玻璃器皿的灭菌　常用干热灭菌法，具体操作为：将包装的玻璃器皿放入干燥箱内，为使空气流通，堆放不宜太挤，也不能紧贴箱壁，以免烧焦。一般采用 160℃ 2 h 灭菌即可。灭菌完毕，关闭电源待箱中温度下降至 60℃以下，开箱取出玻璃器皿。

(2)染色液的制备

①碱性美兰染色液

甲液：美兰 0.3 g，95％酒精 30 mL。

乙液：0.01％苛性钾溶液 100 mL。

将美兰放入研钵中，徐徐加入酒精研磨均匀后即为甲液，将甲、乙两液混合，过夜后用滤纸过滤即成。新配制的美兰染液染色效果不好，陈旧的染色液染色效果为佳。

②革兰氏染色液

a.草酸铵结晶紫染色液

甲液：结晶紫 2 g，95％酒精 20 mL。

乙液：草酸铵 0.8 g，蒸馏水 80 mL。

将结晶紫放入研钵中，加酒精研磨均匀为甲液，然后将完全溶解的乙液与甲液混合即成。

b.革兰氏碘液（又称卢戈氏碘液）

碘 1 g，碘化钾 2 g，蒸馏水 300 mL。

将碘化钾放入研钵中，加入少量蒸馏水使其溶解，再放入已磨碎的碘片徐徐加水，同时充分磨匀，待碘片完全溶解后，把余下的蒸馏水倒入，再装入瓶中。

c.稀释苯酚复红溶液　取碱性复红酒精饱和溶液（碱性复红 10 g 溶于 95％酒精 100 mL 中）1 mL 和 5％苯酚水溶液 9 mL 混合，即为苯酚复红原液。再取复红液 10 mL 和 90 mL 蒸馏水混合，即成稀释苯酚复红溶液。

③瑞氏染色液　取瑞氏染料 0.1 g，纯中性甘油 1 mL，在研钵中混合研磨，再加入甲醇 60 mL 使其溶解，装入棕色瓶中过夜，次日过滤，盛于棕色瓶中，保存于暗处。保存越久，效果越好。

(3)指示剂的制备　不同的指示剂有不同的配制方法，常见的指示剂的配制及使用方法如表 21 所示。

表 21　常用指示剂的变色范围和配制浓度

指示剂	变色范围(pH)	颜色变化	配制浓度	用量/(滴/10 mL)
麝香草酚蓝(酸域)	1.2～1.8	红至蓝	0.1%的 20%乙醇溶液	1 至 2
甲基黄	2.9～4.0	红至黄	0.1%的 90%乙醇溶液	1
甲基橙	3.1～4.4	红至黄	0.05%的水溶液	1
溴酚蓝	3.0～4.6	黄至紫	0.1%的 20%的乙醇溶液或其钠盐水溶液	1
溴甲酚绿	4.0～5.0	黄至蓝	0.1%的 20%的乙醇溶液或其钠盐水溶液	1～3
甲基红	4.4～6.2	红至黄	0.1%的 60%的乙醇溶液或其钠盐水溶液	1
溴麝香草酚蓝	6.0～7.6	黄至蓝	0.1%的 20%的乙醇溶液或其钠盐水溶液	1
中性红	6.8～8.0	红至黄橙	0.1%的 60%乙醇溶液	1
酚红	6.8～8.4	黄至红	0.1%的 60%的乙醇溶液或其钠盐水溶液	1
甲酚红	7.2～8.8	黄至红	0.1%的 20%乙醇溶液	1
麝香草酚蓝(碱域)	8.0～9.6	黄至蓝	0.1%的 60%乙醇溶液	1～4

(二)样品制备

1. 样品的采集

(1)取样工具　取样工具首先要达到无菌的要求，其次要能满足取到有代表性的样品。对取样工具和一些试剂材料应提前准备、灭菌。如果使用不合适的采集工具,可能会破坏样品的完整性,甚至使样品毫无意义。应根据不同的样品特征和取样环境,对取样物品和试剂进行事先准备和灭菌等工作。实验室的工作人员进入车间取样时,必须立刻更换工作服,以避免将实验室的菌体带入加工环境,造成产品加工过程的污染。

(2)取样点　常见的取样点有:

①原料的取样　包括食品生产所用的原始材料、添加剂、辅助材料及生产用水等。

②生产线取样　是指食品生产过程中不同加工环节所取的样品,包括半成品、加工台面、与被加工食品接触的仪器以及操作器具等。

③库存样品的取样检验　可以测定产品在保持期内微生物的变化情况,同时也可以间接对产品的保质期是否合理进行验证。

④零售商店或批发市场的样品。

⑤进口或出口样品。

(3)取样方法　通常情况下,液态食品较容易获得代表性样品。液态牛乳一般盛放在大罐中,取样时,可连续或间歇搅拌,对于较小的容器,可在取样前将液体上下颠倒,使其完全混匀。较大的样品(100～500 mL)要放在已灭菌的容器中送往实验室,实验室在取样检测之前应将液体再彻底混匀一次。对于液体乳制品,常采用虹吸法(或用长形吸管)按不同深度分层取样,并混匀。如样品黏稠或含有固体悬浮物或不均匀液体应充分搅匀后,方可取样。

2. 样品的制备

①调整样品稀释样液的 pH 至中性。②使用缓冲蛋白胨水或其他稀释液。③为使渗压最小化,对于低水分活度的样品,需要采取特殊复水程序。④调整适当温度和静置时间,以利于乳粉等样品的悬浮。⑤对于来自食物加工或贮存过程中的受损微生物,需要采取特殊复苏程序。⑥某些目标菌(如酵母菌和霉菌)和特殊均

质程序及均质时间。⑦对于高脂肪样品，使用表面活性剂。⑧常用稀释液包括：0.185％生理盐水、缓冲蛋白胨水（BPW）、0.11％的蛋白胨水、磷酸盐缓冲溶液等。样品制备常用器具包括：均质器及均质杯、拍打器及拍打袋、试管、刻度吸管、微量移液器、玻璃珠、检测天平、水浴锅、玻璃棒、酒精灯、镊子、刀子、电锯、托盘等。

（三）微生物检验仪器设备

1.生化培养箱

生化培养箱具有制冷和加热双向调温系统，温度可控的功能，是完成培养试验的重要设备（图 13）。

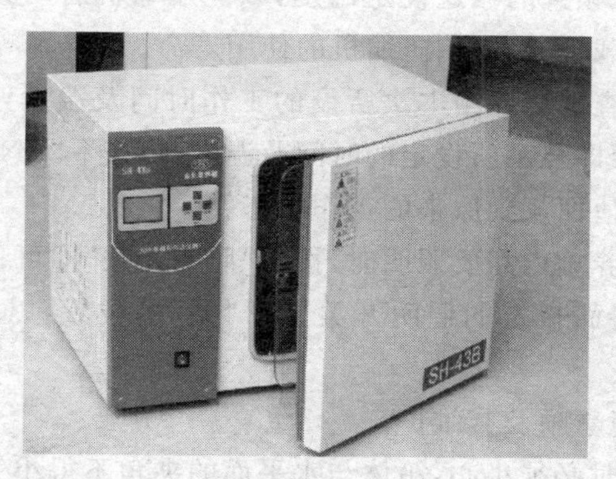

图 13　生化培养箱

（1）使用说明

①将培养箱放于平整坚实的地面上，调节箱体下端两支撑螺杆，使箱体安置平稳。

②插上电源插座（电源应有良好接地），按下“电源开关”，显示屏亮，此时显示屏所显示的是培养箱室内的实际温度及其工作时间。

③时间设定　时间设定包括“分钟”与“小时”的设定。按下

“SET”设置键，当“分钟”数码管显示位的右下角小数点亮，即进入“分钟”的设置状态，再按“▲ ”或“▼”键来确认培养箱本次工作的“分钟”时间(最长为59分钟)；再按“SET”键，当“小时”数码管显示位的右下角小数点亮时，即进入“小时”的设置状态，再按“▲”或“▼”键来确认培养箱本次工作的“小时”时间(最长为99小时)。

④温度设定　按下“SET”键，当温度显示最后一位数码管右下角的小数点亮时，即进入温度的设置状态，再按“▲”或“▼”键来确认培养箱本次设定温度(设定的温度范围为5～50℃)。当上述3、4步骤完成时，按下“ENTER”确认键以确认培养箱本次工作时间及培养箱内的工作温度(设定温度)。注意：当温度设定确认之后，不能随意频繁的往返设定温度，以免压缩机启动频繁，造成压缩机出现过载现象，影响压缩机的使用寿命。

⑤如需查看培养箱本次所设的工作时间及温度，按下“SET”键，显示面板即显示所设定的时间及温度，再按下“ENTER”键，培养箱的显示值回复到原来的工作状态。

⑥如培养箱内需要照明时，按下“照明开关”即可；如箱内不需照明时，应将面板上的照明开关置于“关”的位置，以免影响上层温度。

(2)注意事项及其维护

①搬运时必须小心，箱体与水平面的夹角不得小于60°。

②当使用温度较低时，培养箱内会有冷凝水产生，应定期倒掉位于箱内底部积水盘内的积水。

③为了保持设备的美观，不得用酸或碱及其他腐蚀性物品来擦拭箱体表面，箱内可以用干布定期擦干。

④当培养箱在停止使用时，应拔掉电源插头。

⑤培养箱距墙壁的最小距离应大于10 cm，以确保制冷系统散热良好。

⑥室内应干燥，通风良好，相对湿度保持在85%以下，不应有

腐蚀性物质存在，避免阳光直接照射在培养箱上。

⑦所用电源必须具有可靠地线，确保培养箱地线与网电源的地线接触可靠，防止漏电或网电源意外造成的危害。

2. 超净工作台

(1)使用说明

①使用工作台时，应提前 50 min 开机，同时开启紫外线杀菌灯，处理操作区内表面积累的微生物，30 min 后关闭紫外灯(此时日光灯开启)，启动风机。初始工作电压 160 V。

②操作区内不许放不必要的物品，以保持操作区的洁净气流流型不受干扰。

③操作区内尽量避免作明显干扰气流流型的动作。

④操作区内的使用温度不大于 60℃。

(2)注意事项及其维护

①无菌室应定期用 70%酒精或 0.5%苯酚喷雾降尘和消毒，用 0.2%新洁尔灭抹拭台面和用具(70%酒精也可)，用福尔马林(40%甲醛)加少量高锰酸钾定期密闭熏蒸，配合紫外线灭菌灯(每次开启 15 min 以上)等消毒灭菌手段，以使无菌室经常保持高度的无菌状态。

②由于臭氧有碍健康，在进入操作之前应先关掉紫外线灯，关后 10 min 后即可入内。

③接种室内力求简洁，凡与本室工作无直接关系的物品一律不能放入，以利保持无菌状态。

④在一天工作之后，可开窗充分换气，然后再予以密闭。超净工作台见图 14。

3. 高压灭菌器

(1)使用说明

①在外层锅内加适量的水，将需要灭菌的物品放入内层锅，盖好锅盖并对称地拧紧螺旋。

②加热使锅内产生蒸气，当压力表指针达到 33.78 kPa 时，打开排气阀，将冷空气排出，此时压力表指针下降，当指针下降至零时，即将排气阀关好。

③继续加热，锅内蒸气增加，压力表指针又上升，当锅内压力增加到所需压力时，将火力减小，按所灭菌物品的特点，使蒸气压力维持所需压力一定时间，然后将灭菌器断电或断火，让其自然冷后再慢慢打开排气阀以排出余气，然后才能开盖取物。

图 14　超净工作台

(2)注意事项及其维护

①待灭菌的物品放置不宜过紧。

②必须将冷空气充分排除，否则锅内温度达不到规定温度，影响灭菌效果。

③灭菌完毕后，不可放气减压，否则瓶内液体会剧烈沸腾，冲掉瓶塞而外溢甚至导致容器爆裂。须待灭菌器内压力降至与大气压相等后才可开盖。

④装培养基的试管或瓶子的棉塞上，应包油纸或牛皮纸，以防冷凝水入内。

⑤为了确保灭菌效果，应定期检查灭菌效果，常用的方法是将硫黄粉末(熔点为 115℃)或苯甲酸(熔点为 120℃)置于试管内，然后进行灭菌试验。如上述物质熔化，则说明高压蒸气灭菌器内的温度已达要求，灭菌的效果是可靠的。也可将检测灭菌器效果的胶纸(其上有温度敏感指示剂)贴于待灭菌的物品外包装上，如胶纸上指示剂变色，亦说明灭菌效果是可靠的。

⑥现在已有微电脑自动控制的高压蒸气灭菌器，只需放去冷

气后，仪器即可自动恒压定时，时间一到则自动切断电源并鸣笛，使用起来很方便。高压灭菌器见图 15。

图 15　高压灭菌器

4. 烘箱

(1)使用说明　将试品放入烘箱内，然后连接电源，开启烘箱开关，带鼓风装置的烘箱，在加热和恒温的过程中必须将鼓风机开启，否则影响工作室温度的均匀性，并且可能损坏加热元件。随后调节好适宜试品烘焙的温度，烘箱即进入工作状态。

(2)注意事项及其维护

①烘箱应安放在室内干净的水平处，要保持干燥，做好防潮和防湿，并要防止腐蚀。

②烘箱放置处要有一定的空间，四面离墙体要有一定距离，建议要有 2 m 以上。

③使用前要检查电压，较小的烘箱所需电压为 220 V，较大的烘箱所需电压为 380 V(三相四线)，根据烘箱耗电功率安装足够容量的电源闸刀，并且选用合适的电源导线，还应做好接地线工作。

④烘焙的物品排列不能太密。烘箱底部(散热板)上不可放物品，以免影响热风循环。禁止烘焙易燃、易爆物品及有挥发性和有腐蚀性的物品。烘箱见图 16。

⑤烘焙完毕后先切断电源，然后方可打开工作室门，切记不能直接用手接触烘焙的物品，要用专用的工具或带隔热手套取烘焙的物品，以免烫伤。

⑥烘箱工作室内要保持干净。

图 16　烘箱

⑦使用烘箱时，温度不能超过烘箱的最高使用温度，一般烘箱在 250℃以下。

5. 显微镜

(1)使用说明

①安放　右手握住镜臂，左手托住镜座，使镜体保持直立。桌面要清洁、平稳，要选择临窗或光线充足的地方。单筒的一般放在左侧，距离桌边 3～4 cm 处。

②清洁　检查显微镜是否有问题，是否清洁，镜身机械部分可用干净软布擦拭。透镜要用擦镜纸擦拭，如有胶或粘污，可用少量二甲苯清洁。

③对光　镜筒升至距载物台 1～2 cm 处，低倍镜对准通光孔。调节光圈和反光镜，光线强时用平面镜，光线弱时用凹面镜，反光镜要用双手转动。若使用的为带有光源的显微镜，可省去步骤，但需要调节光亮度的旋钮。

④安装标本　将玻片放在载物台上，注意有盖玻片的一面一定朝上。用弹簧夹将玻片固定，转动平台移动器的旋钮，使要观察的材料对准通光孔中央。

⑤调焦　调焦时，先旋转粗调焦旋钮慢慢降低镜筒，并从侧面仔细观察，直到物镜贴近玻片标本，然后左眼自目镜观察，左手旋转粗调焦旋钮抬升镜筒，直到看清标本物像时停止，再用细调焦旋钮回调清晰。

⑥观察　若使用单筒显微镜，两眼自然张开，左眼观察标本，右眼观察记录及绘图，同时左手调节焦距，使物象清晰并移动标本视野。右手记录、绘图。

⑦光强的调节　一般情况下，染色标本光线宜强，无色或未染色标本光线宜弱；低倍镜观察光线宜弱，高倍镜观察光线宜强。除调节反光镜或光源灯以外，虹彩光圈的调节也十分重要。

⑧若使用油镜观察时，先在盖玻片上滴加一滴香柏油（镜油），然后降低镜筒并从侧面仔细观察，直到油镜浸入香柏油并贴近玻片标本，然后用目镜观察，并用细调焦旋钮抬升镜筒，直到看清标本的焦段时停止并调节清晰。

⑨结束操作　观察完毕，移去样品，扭转转换器，使镜头 V 字形偏于两旁，反光镜要竖立，降下镜筒，擦抹干净，并套上镜套。

若使用的是带有光源的显微镜，需要调节亮度旋钮将光亮度调至最暗，再关闭电源按钮，以防止下次开机时瞬间过强电流烧坏光源灯。

(2)注意事项及其维护

①不应在高倍镜下直接调焦；镜筒下降时，应从侧面观察镜筒和标本间的间距；要了解物距的临界值。

②镜检时应将标本按一定方向移动视野，直至整个标本观察完毕，以便不漏检，不重复。

③香柏油滴加要适量。油镜使用完毕后一定要用擦镜纸蘸取二甲苯擦去香柏油，并再用干的擦镜纸擦去多余二甲苯。光学显微镜见图 17。

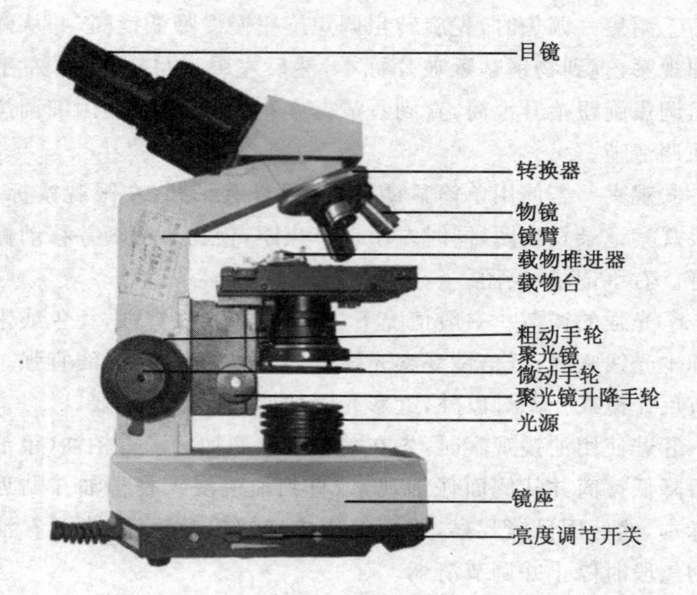

图 17　光学显微镜

(四)细菌标本片的制备、染色与形态结构观察

1. 细菌标本片的制备

(1)细菌涂片的制备

①液体培养物及液体病料

a. 涂片　用接种环取一滴培养液或液体病料，于玻片的中央均匀地涂布成适当大小的薄层。

b. 干燥　一般采用自然干燥，天气较冷时也可于酒精灯火焰上方 30～40 cm 处适当加热干燥。

c. 固定　分为火焰固定和化学固定两种。火焰固定时，将干燥好的玻片涂面朝上，以其背面在酒精灯火焰上来回通过数次，略作加热，以不烫手背为度；化学固定时，可将干燥好的玻片浸入甲醇中 2～3 min 后取出晾干，或在涂片上滴加数滴甲醇使其作用 2～3 min 后自然挥发干燥。此外，丙酮和酒精也可用作化学固定剂；作瑞特氏染色的涂片不需固定，因染色液中含有甲醇，有固定作用。

d. 染色　根据不同的材料和菌种选择不同的染色法。

②固体培养物　用接种环取一滴生理盐水于玻片的中央→用接种环挑取一个菌落于生理盐水中混合→均匀地涂布成适当大小的薄层→干燥→固定→染色。

(2)细菌触片的制备　将固体病料(病变组织)作无菌切开→用切面在玻片的中央接触一下或稍用力印压成一薄层→干燥→固定→染色。

2. 常用的染色方法

(1)单染色法　又称简单染色法，即只应用一种染料进行染色的方法。

①美兰染色法　在已干燥、固定好的涂片或触片上滴加适量的美兰染色液 1～2 min 后，水洗，干燥(吸水纸吸干或自然干燥)，镜检。

②瑞特氏染色法　在已干燥、固定好的涂片或触片上滴加瑞特氏染色液，为避免干燥，可适当多加一些，或视情况补充滴加，1～3 min 后再加与染液等量的中性蒸馏水或缓冲液，轻轻晃动玻片，使之与染色液混合均匀，再经 3～5 min 后，直接用水冲洗，吸干或烘干后镜检。也可在玻片上的涂抹处盖一适当大小的滤纸，然后再在滤纸上轻轻滴加瑞特氏染色液，至略浸过滤纸，视情况补充滴加，维持不干，3～5 min 后直接用水冲洗，吸干或烘干后镜检。

③姬姆萨氏染色法　先将姬姆萨染色液原液稀释成常用的姬姆萨染色液(取 5～10 滴原液于 5 mL 新煮过的中性蒸馏水中，混合均匀)，在经甲醇固定好的涂片上滴加足量的染色液，或将涂片浸入盛有染色液的染色缸中，染色 30 min 或浸染数小时至 24 h

后取出,水洗,吸干或烘干后镜检。

(2)复染色法　应用两种或两种以上的染料或再加媒染剂进行染色的方法。

①革兰氏染色法　在已干燥、固定好的涂片上滴加适量的草酸铵结晶紫染色液,染色 1～2 min 后→水洗→再加革兰氏碘液,作用 1～2 min 后→水洗→加 95%酒精脱色 0.5～1 min 后→水洗→加稀释石炭酸复红(或沙黄、番红)染色液复染 0.5 min 后→水洗→干燥→镜检。

②萋一尼氏抗酸染色法　在已干燥、固定好的涂片上滴加较多量的苯酚复红染色液,酒精灯火焰上方微微加热至冒出蒸气并维持 3～5 min,水洗;再用 3%盐酸酒精脱色至无染液流出,充分水洗;然后用碱性美兰染液复染约 1 min,水洗,吸干,镜检。

(3)染色注意事项

①做细菌涂片时,不宜涂得过厚,以免影响制片效果。

②固定必须确实,火焰固定时不宜温度过高,以免造成菌体结构破坏。

③每种染液染色的过程中应保持染色液不干,尤其加热染色的染液,在染色过程中应随时添加,以免蒸发干,影响染色效果。

④每种染液染色后,应用水将染液一起冲掉,不可先将染液倾去后再用水冲洗。

3. 细菌形态结构的观察

细菌是一类具有细胞壁和核质的单细胞微生物,在分类上属于原核生物界中的原核细胞型微生物。细菌有相对恒定的形态与结构,可用光学显微镜或电子显微镜观察与识别。了解细菌的形态和结构,对研究细菌的生理活动、致病性、免疫性,以及鉴别细菌,诊断和防治细菌性感染具有重要的意义。

细菌个体微小,常以微米(μm)为测量单位。观察细菌须用显微镜放大数百倍至数千倍才能看到。不同种类的细菌大小不一,同一种细菌也可因菌龄和环境因素的影响而有差异。细菌的基本形态见图 18。

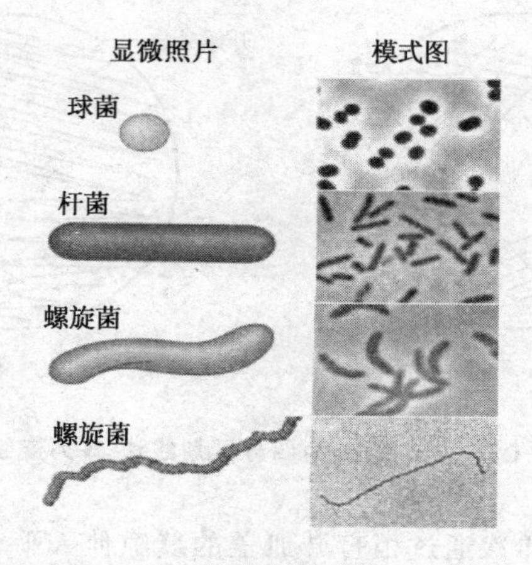

图 18　细菌的基本形态

(五)细菌分离培养、移植及培养性状的观察

1. 细菌的分离培养及移植

(1)需氧性细菌分离培养法

①平板划线分离法　菌种被其他杂菌污染时或混合菌悬液常用平板划线法进行纯种分离,此法是借助将蘸有混合菌悬液的接种环在平板表面多方向连续划线,使混杂的微生物细胞在平板表面分散,经培养得到分散的由单个微生物细胞繁殖而成的菌落,从而达到纯化目的。但划线分离的培养基必须事先倾倒好,需充分冷凝待平板稍干后才可使用;为便于划线,一般培养基不宜太薄,每皿约倾倒 20 mL 培养基,培养基应厚薄均匀,平板表面光滑。划线分离主要有连续划线法和分区划线法两种(图 19)。

a. 连续划线法　以无菌操作用接种环直接取平板上待分离纯化的菌落。将菌种点种在平板边缘一处,取出接种环,烧去多余菌

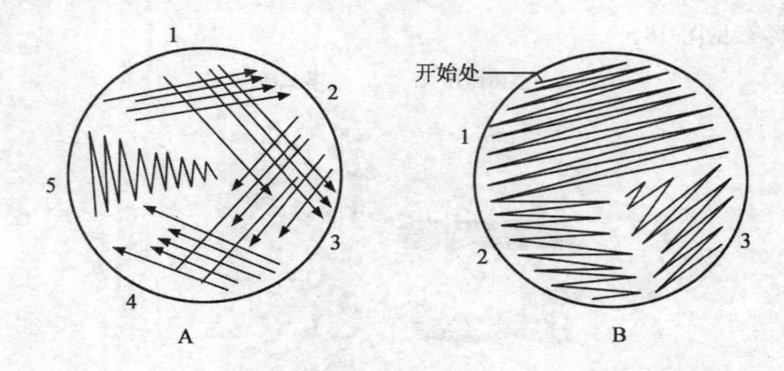

图 19　平板划线分离(A 为四分区划线法,B 为连续划线法)

体。将接种环再次通过稍打开皿盖的缝隙伸入平板,在平板边缘空白处接触一下使接种环冷却,然后从接种细菌的部位在平板上自左向右轻轻划线,划线时平板面与接种环面呈 30～40°角,以手腕力量在平板表面轻巧滑动划线,接种环不要嵌入培养基内划破培养基,线条要平行密集,充分利用平板表面积,注意勿使前后两条线重叠。划线完毕,关上皿盖。灼烧接种环,待冷却后放置接种架上。培养皿倒置于适宜的恒温箱内培养。培养后在划线平板上观察沿划线处长出的菌落形态,涂片镜检为纯种后再接种斜面。

b. 分区划线法(四分区划线法)　取菌、接种、培养方法与"连续划线法"相似。分区划线法划线分离时平板分 4 个区,故又称四分区划线法。其中第 4 区是单菌落的主要分布区,故其划线面积应最大。为防止第 4 区内划线与 1、2、3 区线条相接触,应使 4 区线条与 1 区线条相平行,这样区与区间线条夹角最好保持 120°左右。先将接种环蘸取少量菌在平板上 1 区画 3～5 条平行线,取出接种环,左手关上皿盖,将平板转动 60°～70°。灼烧接种环,待在平板边缘上冷却后,再按以上方法以 1 区划线的菌体为菌源,由 1 区向 2 区作第 2 次平行划线。第 2 次划线完毕,同时再把平皿转动 60°～70°,同样依次在 3、4 区划线。划线完毕,灼烧接种环,关上皿盖，倒置于37℃恒温箱中培养24 h后，在划线区观察单菌落。

②倾注平皿分离法　被检材料若含有两种或两种以上细菌时，可借助溶化的琼脂将细菌稀释，待琼脂冷凝后，分散的细菌就被固定在原地形成菌落。这样也能达到分得纯种的目的。根据材料中存在菌数的多少，倾注平皿前可将被检材料不稀释或用生理盐水作适当稀释。

其具体方法如下：取3支预先准备的普通琼脂培养基试管，水浴加热融化，冷至约50℃，用火焰灭菌接种环钓取待分离物接种至第1管内，充分摇匀后，自第1管取一接种环内容物至第2管，以同样方法自第2管移种至第3管。然后分别倾注一个已灭菌的平皿，凝固后倒转置于37℃温箱内培养24 h。结果多数细菌在琼脂内生长成菌落，仅少数菌落出现在表面，通常第1个平板内的菌落数较多而密集，第2个、第3个平板则逐渐减少，可见单个菌落(图20)。

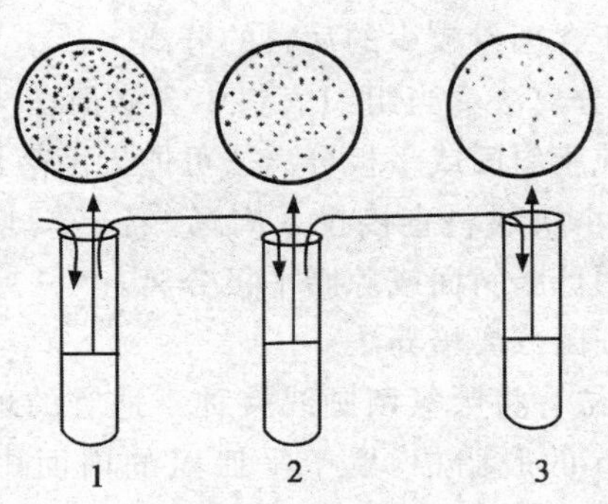

图20　倾注平皿分离法

③实验动物分离法　被检病料中疑有某种病原菌存在，可将病料以无菌操作取出，放入灭菌乳钵或组织匀浆器内，加3～5倍量无菌生理盐水制成混悬液，吸取一定量混悬液注射入易感实验动物(肌肉、腹腔、皮下或静脉)，待实验动物死后，取其脏器，常可

分离到纯的病原菌。例如:疑有猪丹毒杆菌存在的病料,可注射于鸽体,鸽死后,再取其脾脏以分离猪丹毒杆菌,可得到纯培养。

④琼脂斜面分离法　取琼脂斜面 3 管,用接种环蘸取欲检病料少许(如为脏器,先将表面烧烙后,用灭菌解剖刀切开,以灭菌接种环由切口插入、转动、钓取组织),混合于第 1 管的凝集水中,再作斜面划线;然后抽出接种环,不经烧灼,继续在第 2 管、第 3 管斜面上作同样划线。画毕,置 37℃温箱中培养。经此法分离培养后,第 2 管的菌落较第 1 管为少,第 3 管的菌落更少,如此较易得到单个菌落,达到纯培养之目的。

⑤琼脂平板涂布法　被检病料如血液、腹水等,可用灭菌毛细吸管或吸管吸取 1～2 滴置于平板中央,用灭菌的 L 形玻棒做均匀涂布。如估计细菌数很多,可直接用火焰灭菌的接种环钓菌,并做分区划线。如为脏器病料,可先做成乳悬液再行涂布;或取其一小块,用镊子夹住,表面烧烙后,用灭菌刀切开,以其切面直接进行涂布,此法适用于含菌量较少的病料的分离。

⑥营养肉汤分离法　当组织病料中含病原菌少,或有抗菌药残留时,用上述琼脂斜面或平板分离法可能无菌落长出,这时可以无菌操作剪取一小块病料直接投入肉汤,经 37℃培养,在肉汤中长出细菌后,再用琼脂斜面或琼脂平板分离。

(2)厌氧菌细菌分离培养法

①平板培养法　将厌氧菌画线接种于适宜的琼脂平板,取一小团直径约 2 cm 的脱脂棉,置于平皿盖的内面中央,其上滴加 0.5 mL 10%氢氧化钠溶液;在靠近脱脂棉的一侧放置 0.5 g 焦性没食子酸,暂勿使两者接触。立即将已接种的平板覆盖于平皿盖上,迅速用融化的石蜡密封平皿四周。封毕,轻轻摇动平皿,使被氢氧化钠溶液浸湿的脱脂棉与焦性没食子酸接触,然后置 37℃恒温箱中培养 24～48 h 后,取出观察。

②高层琼脂柱法　加热融化一管适合分离厌氧菌用的琼脂培养基,待冷至 50℃左右,接入少许经适当稀释的待分离的培养物

或含菌材料，充分摇震均匀。在琼脂凝固前，迅速以无菌滴管吸取上述已接种的琼脂培养基，注入准备好的玻璃管内（长约 15 cm，一端塞小胶塞或小木塞，另一端塞棉花塞，高压灭菌备用），装至 4/5 左右之处，塞好棉花塞，放在大试管或玻璃筒内，置 37℃ 恒温箱中培养。长出菌落后，拔去胶塞和棉花塞，以无菌玻棒将琼脂柱推出于无菌平皿中，再用灭菌接种环钓取独立菌落做厌氧纯培养。

2. 细菌在培养基上的生长情况（图 21）

（1）琼脂平板培养基　主要观察细菌在培养基上形成的菌落的特征。

①大小　以直径（mm）表示，小菌落如针尖大，大菌落为 5～6 mm，甚至更大。

②性状　有圆形、不整形、针尖状、露滴状、同心圆形和根足形等。

③边缘　有整齐、波浪状、锯齿状和卷发状等。

④表面性状　光滑、粗糙、同心圆状、放射状、皱状和颗粒状等。

⑤湿润度　湿润、干燥。

⑥隆起度　表面隆起、轻度隆起、中央隆起、脐状、扣状和扁平状。

⑦色泽和透明度　色泽有无色、白、黄、橙和红等；透明度有透

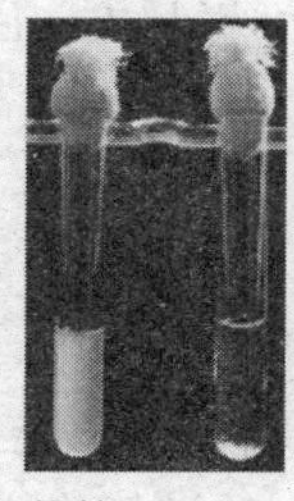

均等混浊　沉淀生长

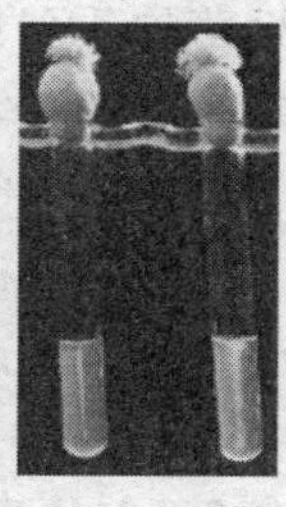

沿穿刺线生长　扩散生长

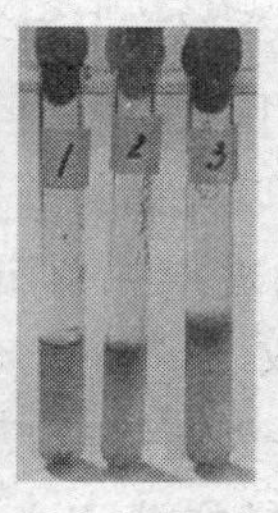

产生绿色色素

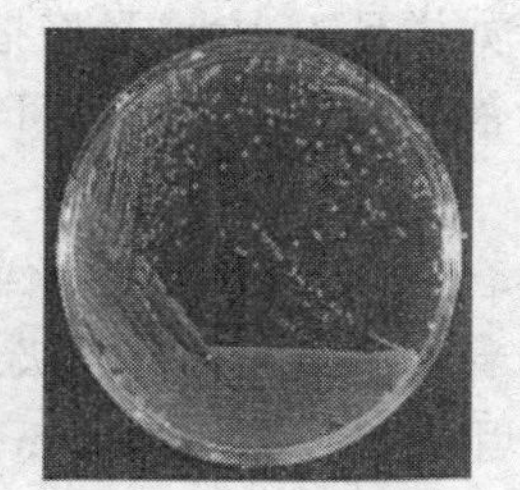

营养琼脂培养

图 21　细菌在培养基上的生长情况

明、半透明和不透明等。

⑧质地　分坚硬、柔软或黏稠。

⑨溶血性　菌落周围有无溶血环。有透明的溶血环称β型溶血;很小的半透明和不透明等。

(2)肉汤培养基

①浑浊度　有高度浑浊、轻微浑浊或仍保持透明者。

②沉淀　管底有无沉淀,沉淀物是颗粒状或棉絮状等。

③表面　液面有无菌膜,管壁有无菌环。

④色泽　液体是否变色,如绿色、红色等。

(3)半固体培养基　具有鞭毛的细菌,沿穿刺线向周围扩散生长,无鞭毛的细菌沿穿刺线呈线状生长。

(六)常规的乳制品微生物检测项目

1.酵母菌和霉菌的检验

霉菌和酵母菌及其检验酵母菌是真菌中的一大类,通常是单细胞,呈圆形,卵圆形、腊肠形或杆状。具体检验程序见图22。

(1)样品的处理　为了准确测定霉菌和酵母数,真实反映被检食品的卫生质量,首先应注意样品的代表性。对大的固体食品样品,要用灭菌刀或镊子从不同部位采取试验材料,再混合磨碎。如样品不太大,最好把全部样品放到灭菌均质器杯内搅拌2 min。液体或半固体样品可用迅速颠倒容器25次来混匀。

(2)样品的稀释　以无菌操作称取检样25 g(或25 mL),放入含有225 mL灭菌水的玻塞三角瓶中,振摇30 min,即为1∶10稀释液。用灭菌吸管吸取1∶10稀释液10 mL,注入灭菌试管中,另用带橡皮乳头的1 mL灭菌吸管反复吹吸50次,使霉菌孢子充分散开。取1 mL1∶10稀释液注入含有9 mL灭菌水的试管中,另换1支1 mL灭菌吸管吹吸5次,此液为1∶100稀释液。按上述操作顺序做10倍递增稀释液,每稀释1次,换用1支1 mL灭菌吸

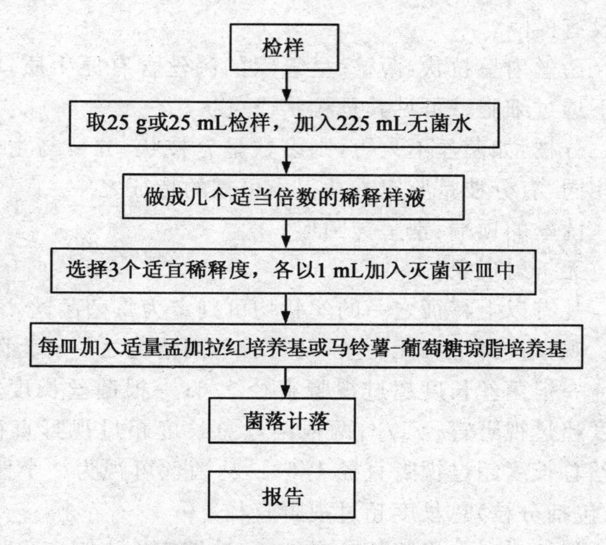

图 22　酵母菌、霉菌的检验程序

管。根据对样品污染情况的估计，选择 3 个合适的稀释度，在做 10 倍稀释的同时，分别吸取 1 mL 稀释液于灭菌平皿中，每个稀释度做 2 个平皿。

(3)培养　将晾至 45℃左右的培养基注入平皿中，待琼脂凝固后，倒置于 25～28℃温箱中，3 天后开始观察。共培养观察 1 周。

(4)计数　通常选择菌落数在 10～150 的平皿计数，同稀释度的 2 个平皿的菌落平均数以稀释倍数即为每克(或每毫升)检样中所含的酵母菌数和霉菌数。

在显微镜下，霉菌菌丝具有如下特征：

平行壁：霉菌菌丝呈管状，多数情况下，整个菌丝的直径是一致的。因此，在显微镜下菌丝壁看起来像两条平行的线。这是区别霉菌菌丝和其他纤维时最有用的特征之一。

横隔：许多霉菌的菌丝具有横隔，毛霉、根霉等少数霉菌的菌丝没有横隔。

菌丝内呈粒状：薄壁、呈管状的菌丝含有原生质，在高倍显微镜下透过细胞壁可见其呈粒状或点状。

分枝：如菌丝不太短，则多数呈分枝状，分枝与主干的直径几乎相同，有分枝是鉴定霉功得出可靠的特征之一。

菌丝的顶端：常呈钝圆形。

无折射现象。

凡有以上特征之一的丝状均可判定为霉菌菌丝。

观察视野中有无菌丝，凡符合下列情况之一者为阳性视野。

一根菌丝长度超过视野直径 1/6；一根菌丝长度加上分枝的长度超过视野直径 1/6；两根菌丝总长度超过视野直径 1/6；三根菌丝总长度超过视野直径 1/6；一丛菌丝可视为一个菌丝，所有菌丝（包括分枝）总长度超过视野直径 1/6。

根据对所有视野的观察结果，计算阳性视野所占比例，并以阳性视野百分数（%）报告结果。

计算公式：

每件样品阳性视野＝（阳性视野数 /观察视野数）×100%

2.大肠菌群的证实实验

（1）采样及稀释　以无菌操作将检样 25 g（或 25 mL）放于含有 225 mL 灭菌生理盐水或其他稀释液的灭菌玻璃瓶内（瓶内预置适当数量的玻璃珠）或灭菌乳钵内，经充分振摇或研磨做成 1：10 的均匀稀释液。以 800～1 000 r/min 的速度处理 1 min，做成 1：10 的稀释液。用 1 mL 灭菌吸管吸取 1：10 稀释液 1 mL，注入含有 9 mL 灭菌生理盐水或其他稀释液的试管内，振摇混匀，做成 1：100 的稀释液，换用 1 支 1 mL 灭菌吸管，按上述操作依次做 10 倍递增稀释液。根据食品卫生要求或对检验样品污染情况估计，选择 3 个稀释度，每个稀释度接种 3 管，也可直接用样品接种。

（2）乳糖初发酵试验　即通常所说的假定试验。其目的在于检查样品中有无发酵乳糖产生气体的细菌。将待检样品接种于乳糖胆盐发酵管内，接种量在 1 mL 以上者，用双料乳糖胆盐发酵管；1 mL 及 1 mL 以下者，用单料乳糖发酵管。每一个稀释度接种 3 管，置(36±1)℃温箱内，培养(24±2)h，如所有乳糖胆盐发酵管都不产气，则可报告为大肠菌群阴性，如有产生者，则按下列程序进行。

(3)分离培养　将产气的发酵管分别转种在伊红美兰琼脂板或麦康凯琼脂平板上，置(36±1)℃温箱内，培养 18～24 h，然后取出，观察菌落形态并做革兰氏染色镜检和复发酵试验。

(4)乳糖复发酵实验　即通常所说的证实试验，其目的在于证明从乳糖初酵管试验呈阳性反应的试管内分离到的革兰氏阴性无芽孢杆菌，确能发酵糖产生气体。在上述的选择性培养基上，挑取可疑大肠菌群 1～2 个进行革兰氏染色，同时接种乳糖发酵管，置(36±1)℃的温箱内培养(24±2)h，观察产气情况。凡乳糖发酵管产气，革兰氏染色为阴性无芽孢杆菌，即报告为大肠杆菌阳性；凡乳糖发酵管不产气或革兰氏染色为阳性，则报告为大肠杆菌为阴性。

(5)报告　根据证实为大肠菌群阳性的管数，查 MPN 检索表 22，报告每 100 mL(g)乳品中大肠菌群的最可能数。

表 22　大肠菌群最可能数(MPN)检索表

阳性管数			MPN	95%可信限		阳性管数			MPN	95%可信限	
0.1	0.01	0.001		上限	下限	0.1	0.01	0.001		上限	下限
0	0	0	<3.0	—	9.5	2	2	0	21	4.5	42
0	0	1	3.0	0.15	9.6	2	2	1	28	8.7	94
0	1	0	3.0	0.15	11	2	2	2	35	8.7	94
0	1	1	6.1	1.2	18	2	3	0	29	8.7	94
0	2	0	6.2	1.2	18	2	3	1	36	8.7	94
0	3	0	9.4	3.6	38	3	0	0	23	4.6	94

续表 22

阳性管数			MPN	95%可信限		阳性管数			MPN	95%可信限	
0.1	0.01	0.001		上限	下限	0.1	0.01	0.001		上限	下限
1	0	0	3.6	0.17	18	3	0	1	38	8.7	110
1	0	1	7.2	1.3	18	3	0	2	64	17	180
1	0	2	11	3.6	38	3	1	0	43	9	180
1	1	0	7.4	1.3	20	3	1	1	75	17	200
1	1	1	11	3.6	38	3	1	2	120	37	420
1	2	0	11	3.6	42	3	1	3	160	40	420
1	2	1	15	4.5	42	3	2	0	93	18	420
1	3	0	16	4.5	42	3	2	1	150	37	420
2	0	0	9.2	1.4	38	3	2	2	210	40	430
2	0	1	14	3.6	42	3	2	3	290	90	1000
2	0	2	20	4.5	42	3	3	0	240	42	1 000
2	1	0	15	3.7	42	3	3	1	460	90	2 000
2	1	1	20	4.5	42	3	3	2	1 100	180	4 100
2	1	2	27	8.7	94	3	3	3	>1 100	420	—

注 1：本表采用 3 个稀释度[0.1 g(mL)、0.01 g(mL)和 0.001 g(mL)]，每个稀释度接种 3 管。

注 2：表内所列检样量如改用 1 g(mL)、0.1 g(mL)和 0.01 g(mL)时，表内数字应相应降低 10 倍；如改用 0.01 g(mL)、0.001 g(mL)0.000 1 g(mL)时，则表内数字应相应提高 10 倍，其余类推。

(七)生鲜牛乳微生物学检验

1. 美兰还原褪色试验

收购生牛乳时，用细菌总数计算法或美兰还原褪色法，按表 23 将乳分为四个等级，但两种评级方法只许采用一种，不能重复。

细菌产生的还原酶能使美兰褪色。乳中污染的细菌越多，产生的还原酶也越多，美兰褪色越快。

表 23　收购的生鲜牛乳的细菌指标

分级	平皿细菌总数分级指标/(万个/mL)	美兰褪色时间分级指标
Ⅰ	≤50	≥4 h
Ⅱ	≤100	≥2.5 h
Ⅲ	≤200	≥1.5 h
Ⅳ	≤400	≥40 min

2.乳腺炎乳的检验

(1)氯糖数的测定　氯糖数是指乳中氯离子的百分含量与乳糖的百分含量之比。健康牛乳中氯糖数不超过 4,而乳腺炎乳的氯糖数增高。

(2)血与脓的检出　乳腺炎乳中含有血和脓,在二氨基联苯试剂中,加入 4～5 mL 牛乳,20～30 s 后,如果有血和脓时,液体呈深蓝色。

(3)氢氧化钠凝乳检验法　在碱性条件下,乳腺炎乳出现沉淀。取乳样 3 mL 于白色平皿中,加 0.5 mL 氢氧化钠试液,立即回转混合,10 s 后观察,判定标准见表 24。

表 24　乳腺炎乳的判定标准

现 象	结 果
无沉淀及絮片	—(阴性)
稍有沉淀发生	±(可疑)
有片条状沉淀	+(阳性)
发生黏稠性团块,并继之分为薄片	++(强阳性)
有持续性黏稠性团块(凝胶)	+++(强阳性)

(4)体细胞计数　乳中细胞含量的多少是衡量乳腺健康状况及乳卫生质量的标志之一。正常牛乳中体细胞含量一般不超过 50 万个/mL,平均 26 万个/mL。当奶牛患有乳腺炎时,乳中体细胞数超过 50 万个/mL。

测 试 题

一、单选题

1. 下列培养基中，哪一种被用来分离和鉴定志贺氏菌（　　）。

A. 伊红美兰琼脂　　B. 马铃薯-葡萄糖琼脂培养基

C. 孟加拉红培养基　　D. 肉汤培养基

2. 下列哪种情况是有鞭毛的细菌在半固体培养基上的生长情况（　　）。

A. 同心圆形　　B. 跟足形

C. 沿穿刺线呈线状生长 D. 穿刺线向周围扩散生长

3. 下列那个实验目的在于检查样品中有无发酵乳糖产生气体的细菌（　　）。

A. 细菌接种　　B. 乳糖初发酵实验

C. 乳糖复发酵实验　　D. 分离培养

4. 下列哪一种细菌的特殊结构对热、干燥、化学消毒剂以及辐射等均有强大抵抗力（　　）。

A. 荚膜　　B. 鞭毛　　C. 菌毛　　D. 芽孢

5. 制作瑞氏染液是常用的溶解瑞氏染料的溶剂是（　　）。

A. 甲醇　　B. 水　　C. 乙醇　　D. 丙二醇

6. MPN 反映的是（　　）。

A. 每 100 mL(g)乳品中志贺菌的数量

B. 每 100 mL(g)乳品中酵母菌的数量

C. 每 100 mL(g)乳品中乳酸杆菌的数量

D. 每 100 mL(g)乳品中大肠杆菌的数量

7. 在乳品中检测到大肠杆菌阳性的表现为（　　）。

A. 乳糖发酵管产气，革兰氏染色为阴性，有芽孢

B. 乳糖发酵管产气，革兰氏染色阴性，无芽孢

C. 凡乳糖发酵管不产气，革兰氏染色为阴性，无芽孢

D. 凡乳糖发酵管不产气，革兰氏染色为阳性，无芽孢

8. 某些细菌在一定环境条件下，细胞质脱水浓缩，在菌体内形成多层膜状结构的圆形或椭圆形的小体，称为(　　)。

A. 芽孢　B. 荚膜　C. 鞭毛　D. 细胞膜

二、多选题

1. 细菌的基本结构是(　　)。

A. 细胞壁　B. 细胞膜　C. 细胞核　D. 核质

2. 细菌涂片的固定方法有(　　)。

A. 物理固定法　B. 化学固定法

C. 酒精固定法　D. 火焰固定法

3. 细菌的特殊结构有(　　)。

A. 荚膜　B. 鞭毛　C. 菌毛　D. 芽孢

4. 在使用高压蒸气灭菌锅时要注意的事项有(　　)。

A. 待灭菌的物品放置不宜过紧

B. 灭菌结束后及时开盖取物

C. 必须将冷空气充分排出，否则锅内温度达不到规定温度，影响灭菌效果

D. 须待灭菌器内压力降至与大气压相等后才可开盖

5. 关于芽孢的特点，以下论述正确的是(　　)。

A. 一个芽孢只能形成一个菌体

B. 一个菌体能有多个芽孢

C. 无芽孢的菌体可称为繁殖体

D. 芽孢能有助细菌抵御不良环境

6. 常用的乳酸菌培养基有(　　)。

A. 肉汤培养基　B. 琼脂乳培养基

C. 番茄汁琼脂培养基　D. 孟加拉红培养基

7. 在液体培养基中，主要观察细菌那些方面的生长情况(　　)。

A. 浑浊度　B. 沉淀　C. 表面　D. 色泽

三、判断题

1. 某些细菌在一定环境条件下，细胞质脱水浓缩，在菌体内形成多层膜状结构的圆形或椭圆形的小体，称为芽孢。（　　）

2. 乳糖初发酵实验目的在于证明从乳糖初酵管试验呈阳性反应的试管内分离到的革兰氏阴性无芽孢杆菌，确能发酵糖产生气体。（　　）

3. 在半固体培养基中，具有鞭毛的细菌，沿穿刺线向周围扩散生长，无鞭毛的细菌沿穿刺线呈线状生长。（　　）

4. 在琼脂平板培养基中，菌落周围有透明溶血圈的为 β 型溶血。（　　）

5. 荚膜是细菌的运动器官，根据细菌有无鞭毛运动，可作为鉴定细菌的依据。（　　）

6. 细胞膜上带有多种抗原决定基，决定菌体的抗原性。（　　）

7. 医院内手术器械、敷料等用具的消毒灭菌效果，应以是否杀灭芽孢为灭菌的指标。（　　）

四、技能操作题

1. 完成鲜乳中的细菌涂片的制作。

2. 完成乳制品中酵母菌和霉菌的检测。

测试题参考答案

1. 单项选择题：1. A　2. D　3. B　4. D　5. A　6. D　7. B　8. A

2. 多项选择题：1. ABCD　2. BD　3. ABCD　4. ACD　5. ACD　6. BC　7. ABCD

3. 判断题：1. √　2. ×　3. √　4. √　5. ×　6. ×　7. √

六、乳产品质量判定

(一)生鲜乳的标准及质量判定

1.生鲜乳质量标准

(1)感官理化指标　正常生鲜牛乳为乳白色或略带微黄色的均匀胶体，无黏稠、浓厚、分层现象；不得有肉眼可见的机械杂质；具备乳的正常滋味气味，不得有苦、咸、涩、臭等滋味和异味。

(2)理化指标(表25)

表25　鲜乳的理化指标表

	标准	可接受	不可接受
脂肪含量/％	3.2	≥3.1	＜3.1
蛋白质含量/％	3.0	≥2.95	＜2.95
密度20℃	1.030	1.028～1.032	＜1.028或＞1.032
滴定酸度/°T	16	14～18	＜14或＞18
杂质度/(mg/kg)		≤4	＞4
汞/(mg/kg)		≤0.01	＞0.01
农药残留		≤0.1	＞0.1
酒精试验	通过80％	通过75％	未通过75％
冰点/℃		－0.59～－0.54	＜－0.59或＞－0.54
青霉素/(mg/kg)		≤0.004	＞0.004
体细胞/(万/mL)		≤50	＞50

(3)巴氏杀菌乳的标准(表 26)

表 26　巴氏杀菌乳的标准

项目		指标		
		全脂巴氏杀菌乳	部分脱脂巴氏杀菌乳	脱脂巴氏杀菌乳
感官指标	色泽	呈均匀一致的乳白色,或微黄色		
	滋味和气味	具有乳固有的滋味和气味,无异味		
	组织状态	均匀的液体,无沉淀、无凝块,无黏稠现象		
理化指标	脂肪/%	≥3.1	1.0～2.0	≤0.5
	蛋白质/% ≥	2.9		
	非脂乳固体/% ≥	8.1		
	酸度(°T)　牛乳 ≤ 羊乳 ≤	18 16		
	杂质度/(mg/kg) ≤	2		
卫生指标	硝酸盐(以 $NaNO_3$ 计,mg/kg) ≤	11.0		
	亚硝酸盐(以 $NaNO_2$ 计,mg/kg) ≤	0.2		
	黄曲霉毒素 M1/(μg/kg) ≤	0.5		
	菌落总数/(cfu/mL) ≤	30 000		
	大肠菌群/(MPN/100 mL) ≤	90		
	致病菌(指肠道致病菌和致病性球菌)	不得检出		

(4)灭菌乳的标准(表27)

表27 灭菌乳的标准

项目		指标					
		灭菌纯牛(羊)乳			灭菌调味乳		
		全脂	部分脱脂	脱脂	全脂	部分脱脂	脱脂
感官指标	色泽	呈均匀一致的乳白色,或微黄色			呈均匀一致的乳白色或具有调味乳应有的色泽		
	滋味和气味	具有牛乳或羊乳固有的滋味和气味,无异味			具有调味乳应有滋味和气味		
	组织状态	均匀的液体,无凝块,无黏稠现象,允许有少量沉淀					
理化指标	脂肪/%	≥3.1	1.0～2.0	≤0.5	≥2.5	0.8～1.6	≤0.4
	蛋白质/% ≥	2.9			2.3		
	非脂乳固体/% ≥	8.1			6.5		
	酸度/°T ≤	18.0			—		
	杂质度/(mg/kg) ≤	2					
卫生指标	硝酸盐/(mg/kg ≤	11.0					
	亚硝酸盐/(mg/kg) ≤	0.2					
	黄曲霉毒素M1/(μg/kg) ≤	0.5					
	微生物	商业无菌					

(5)微生物指标(表28)

表28 生鲜乳的微生物指标表

	标准	可接受	不可接受
菌落总数/(cfu/mL)	≤50万	50万～200万	>200万
芽孢总数/(个/mL)	≤100	100～1 000	>1 000
耐热芽孢总数/(个/mL)	≤10	10～100	>100
嗜冷菌/(个/mL)	≤100	100～1 000	>1 000

2. 不合格乳的卫生评定

(1)感官性状异常　乳出现黄色、红色或绿色等异常色泽，乳汁黏稠、有凝块或沉淀，有血或脓、肉眼可见异物或杂质，或有明显的饲料味、苦味、酸味、霉味、臭味、涩味及其他异常气味或滋味。

(2)理化指标异常　乳的脂肪、非脂乳固体、蛋白质含量低于国家或有关行业标准，黄曲霉毒素、硝酸盐和亚硝酸盐等有害化学物质超标。

3. 生鲜乳新鲜度检验

(1)煮沸试验

检验方法：鲜乳 5 mL，加热煮沸 1 min，加等量中性水，观察凝固状态判定乳的酸度。

结果判定见表 29。

表 29　煮沸试验结果判定

凝固状态	酸度
有少量絮块	酸度约为 27°T
有较多凝块	酸度约为 28°T
全部为凝块	酸度约为 30°T
酸度在 25～26°T 即出现凝块，判定为不新鲜乳	

(2)酒精试验

原理：本试验系乙醇的脱水作用，改变了酪蛋白的稳定性，陈旧乳即出现凝固现象，但因牛的生理失调，先天性酪蛋白失常亦可出现低酸度酒精凝固乳。

检验方法：牛乳与 75% 的乙醇等量混合(一般 2 mL)，5 s 内观察结果。本试验不适于检验羊乳，因羊乳蛋白质结构与牛乳不同，钙含量亦高于牛乳，因此在酸度牛乳检验正常时，羊乳则产生凝固。

结果判定见表 30。

表 30　酒精试验结果判定

反应现象	程度	表示方法	酸度
不凝	新鲜	—	20°T
极细凝固物	不太新鲜	±	21～22°T
细凝固物	不新鲜	+	22～24°T
中型凝固物	不新鲜	++	24～26°T
大型凝固物	不新鲜	+++	26～28°T
极大型凝固物	很不新鲜	++++	28～30°T

(3)过氧化酶测定法

操作方法：取牛乳 4 滴于凹玻片上，加过氧化氢 2 滴，待 1～2 min，观察有无气泡产生。新鲜乳 2 min 不产生气泡。

结果判定：稍微不新鲜乳，1～2 min 产生气泡。中等不新鲜乳，30～60 s 开始产生气泡，面积中等。极不新鲜乳，20～30 s 开始产生气泡。布满全面积。

(4)生牛乳与熟牛乳的鉴别检验

原理：生牛乳中有过氧化氢酶，能分解过氧化氢而与色素作用，牛乳加热后过氧化氢酶即被破坏。

检测步骤：取 5 mL 待测牛乳放入烧杯中，加入 0.2 mL 1%过氧化氢，摇匀，再加入 0.2 mL 2%的对苯二胺，摇匀。

结果判定：生牛乳或加热至 78℃以下者呈青蓝色，加热至 79～80℃者，30 s 后呈淡灰青色，加热至 80℃以上者无颜色出现。

(二)乳制品的标准及质量判定

1. 酸乳的质检标准及不合格品原因

酸乳(酸乳)，即在添加(或不添加)乳粉(或脱脂乳粉)的乳中(杀菌乳或浓缩乳)，由于保加利亚乳杆菌和嗜热链球菌的作用进行乳酸发酵而制成的凝乳状制品，成品中含有大量的、相应的活性微生物。

酸乳是指添加（或不添加）乳粉（或脱脂乳粉）的乳中（杀菌乳或浓缩乳），由于保加利亚杆菌和嗜热链球菌的作用进行乳酸发酵制成的凝乳状产品，成品中必须含有大量的、相应的活性微生物。根据酸乳的组织状态，酸乳可分为凝固型酸乳和搅拌型酸乳两类。酸乳具有其独特的营养价值：酸乳中的蛋白质更易被机体合成细胞时所利用，具有更好的生化可利用性；含有更多的易于吸收的钙质和丰富的维生素；同时，酸乳可减轻“乳糖不耐受症”、调节人体肠道中的微生物菌群平衡、有效降低胆固醇水平以及预防白内障的形成等。酸乳的质检标准有（表中标准条款依据见规范性文件）。

（1）酸乳的质检标准

①原料要求　应符合相应国家标准或行业标准的规定。

②感官指标　色泽和组织状态：取适量试样置于 50 mL 烧杯中，在自然光下观察色泽和组织状态；滋味和气味：取适量试样置于 50 mL 烧杯中，先闻气味，然后用温开水漱口，再品尝样品的滋味（表 31）。

表 31　酸乳感官指标

项目	指标	
	纯酸乳	风味酸乳
色泽	色泽均匀一致，呈乳白色或微黄色	呈均匀一致的乳白色，或风味酸乳特有的色泽
滋味和气味	具有纯乳发酵特有的滋味、气味	除有发酵乳味外，并含有添加成分特有的滋味和气味
组织状态	组织细腻、均匀，允许有少量乳清析出；果料酸乳有果块或果粒	

③理化指标　理化指标应符合表 32 的要求。

表 32　酸乳理化指标

项目		指标	
		纯酸乳	风味酸乳
脂肪/(g /100 g)	全脂　≥	3.0	2.5
	部分脱脂	＞0.5;＜3.0	＞0.5;＜2.5
	脱脂　≤	0.5	0.5
非脂乳固体/(g/100 g)	≥	8.1	6.5
总固形物/(g/100 g)	≥	—	17.0
蛋白质/(g/100 g)	≥	2.9	2.3
酸度(°T)	≥	70.0	
铅(Pb)/(mg/kg)	≤	0.05	
无机砷/(mg/kg)	≤	0.05	
黄曲霉毒素 M1/(μg/kg)	≤	0.5	

注:理化指标的检测方法:脂肪:按 GB/T 5009.46 规定的方法测定;非脂乳固体:按 GB/T 5009.46 规定的方法测定;总固形物:按 GB/T 5009.46 规定的方法测定;蛋白质:按 GB/T 5009.5 规定的方法测定;酸度:按 GB/T 5009.46 规定的方法测定;无机砷:按 GB/T 5009.11 规定的方法测定;铅:按 GB/T 5009.12 规定的方法测定;黄曲霉毒素 M1:按 GB/T 5009.24 规定的方法测定。

④微生物指标　微生物指标应符合表 33 的规定。

表 33　酸乳微生物指标

项目	指标
大肠菌群/(MPN/100 g)	≤90
酵母/(cfu /g)	≤100
霉菌/(cfu/g)	≤30
致病菌(沙门氏菌、金黄色葡萄球菌、志贺氏菌)	不得检出

注:微生物的检测方法:微生物按 GB/T 4789.18 规定的方法检验。

⑤乳酸菌数　乳酸菌数应符合表34的要求。

表34　乳酸菌数

项目	指标
乳酸菌数/(cfu/g)	$\geqslant 1\times 10^6$

注：乳酸菌数的检测方法：乳酸菌按GB/T 4789.35规定的方法检验。

⑥食品添加剂　食品添加剂的品种和使用量应符合GB 2760和GB 1488的规定。

⑦生产加工过程的卫生要求　酸乳生产加工过程的卫生要求应符合GB 12693的规定。

⑧包装　产品的包装容器材料应符合相应的卫生标准和有关规定。

⑨标识　应符合有关规定，并标明蛋白质、脂肪、非脂乳固体的含量、发酵菌种名称及其拉丁文名。风味型酸乳标出乳含量；产品名称可以标为"×××酸乳(乳)"。

⑩贮存及运输　产品应在2～6℃的温度贮存，不得与有毒、有害、有异味、易挥发、易腐蚀的物品同处贮存；产品运输时应采用冷藏工具(温度控制2～6℃)，应避免日晒、雨淋，不得与有毒、有害、有异味或影响产品质量的物品混装运输。

(2)酸乳不合格的原因　有原料乳的原因，也有工艺控制方面的原因，还有菌种的影响等。作为一名合格的乳品检验员，不仅要能检测酸乳的理化、微生物指标的状况，还要能对酸乳的酸乳经常出现的质量问题进行原因分析，提出切实可行的解决方法。下面对酸乳生产中经常出现的质量问题进行分析和说明。

①产品质地不均　产品质地不均主要反映在酸乳不均匀，有蛋白凝块或颗粒，不黏稠、凝固不良等方面，下面介绍其发生的原因和解决方法(表35)。

表 35　产品质地不均的原因分析及解决办法

现象	原因分析	解决方法
酸乳黏稠度偏低	(1)热处理或均质不充分	(1)调整生产工艺
	(2)搅拌过于激烈	(2)调整搅拌速度
	(3)生产线中机械处理力度过大	(3)用螺杆泵输送酸乳
	(4)酸化期间凝块被破坏	(4)调整加工条件
	(5)搅拌时温度过低	(5)提高夹套出水温度至 20～40℃
	(6)菌种比例不当	(6)选用高黏度菌种
	(7)乳中蛋白质含量偏低	(7)增加原料乳中蛋白质含量
酸乳中蛋白有凝块或颗粒	(1)磷酸钙沉淀,白蛋白变性	(1)调整热处理强度
	(2)接种温度太低	(2)温度提高到 40℃以上
	(3)接种温度太高	(3)降低温度至 43℃
	(4)菌种问题	(4)选用高黏度菌种
	(5)快速一次性降温	(5)先从 43℃降至 20℃,再缓慢降低至 4℃
	(6)噬菌体污染	(6)严格控制卫生程序,保证无菌接种;加大管道清洗力度,确保管道洁净
	(7)搅拌温度过高	(7)将酸乳降至 20℃左右搅拌
	(8)搅拌时间过早	(8)等酸乳的 pH 低于 4.5 后再搅拌。

②乳清分离　乳清分离主要表现在:酸乳上层是水,下层是凝胶体,下面介绍其产生的原因和采取的对策(表 36)。

表 36　乳清分离的原因分析及解决办法

原因分析	解决方法
原料乳干物质、蛋白含量低	对原料乳进行标准化处理
均质、热处理不充分	按合理的工艺进行控制
接种温度过高	把接种温度降至 43℃左右
酸化期间凝块遭破坏	按合理的工艺进行控制
灌装温度过低	灌装温度达到规范要求即 42～43℃
噬菌体污染	严格控制卫生程序,保证无菌接种

③发酵时间长　发酵时间延长有很多方面的原因，可能与使用的发酵剂有关，发酵室被杂菌污染也会导致发酵异常。可采取无菌接种和保证发酵室彻底消毒的方法解决。

④酸度过高或过低　酸度过高或过低常见的原因和对策有（表 37）。

表 37　酸乳酸度异常的原因及解决办法

现象	原因分析	解决办法
酸度过高	(1)储存温度过高	(1)降低储存温度，一般为 5℃
	(2)接种量过多	(2)将接种量控制在合理的水平上，一般的接种量在 3%～4%
	(3)菌种的问题	(3)选用后酸化弱的菌种
酸度过低	(1)接种量少	(1)将接种量到规定的要求
	(2)发酵时间短，酸度还没有达到要求就结束发酵	(2)按要求操作，酸度达到要求再结束发酵

⑤胀包　酸乳胀包主要是由于产品封合不严，有杂菌混入将脂肪分解成脂肪酸和气体，导致产品胀包。采取的措施是：加强灌装环境的卫生控制。

2. 含乳饮料的质检及不合格品原因分析

（1）含乳饮料的质检方法

①抽样方法　样品应在受检单位仓库或售柜的待销产品中随机抽取，或在生产线末端经检验合格的产品中随机抽取。

②抽样数量

净含量≥250 mL，抽取样品数量为 12 件，其中 8 件为检验用样品，另 4 件为备样；

净含量＜250 mL，抽取样品数量为 15 件，其中 10 件为检验用样品，另 5 件为备样。

③注意事项

a. 样品应经受检单位对其有效性进行确认。

b. 产品规定有明示质量指标时，应在抽样单上注明。若产品明示的执行标准为经备案的现行有效的企业标准，则视其企业标准为明示质量指标，并要求企业提供其现行有效的企业标准文本。

c. 品制备规则：样品中 2 件用于微生物检验，其余样品用于其他项目的检测。

d. 样品贮藏运输应符合产品标准要求或标签明示要求。

④检验项目（表 38 中标准条款依据详见规范性文件）

表 38　含乳饮料检验项目表

序号	检验项目	标准条款	不合格类别	复验用样品
1	感官	GB 11673—2003 3.2 GB 16321—2003 4.2 GB/T 21732—2008 5.1	A	不得复验
2	脂肪	GB 11673—2003 3.3	A	检样
3	蛋白质	GB 11673—2003 3.3 GB 16321—2003 4.3 GB/T 21732—2008 5.2	A	检样
4	铅	GB 11673—2003 3.3 GB 16321—2003 4.3	A	检样
5	总砷	GB 11673—2003 3.3 GB 16321—2003 4.3	A	检样
6	铜	GB 11673—2003 3.3 GB 16321—2003 4.3	A	检样
7	脲酶试验	GB 16321—2003 4.3	A	检样
8	乳酸菌	GB 16321—2003 4.4 GB/T 21732—2008 5.3	A	检样
9	菌落总数	GB 11673—2003 3.4 GB 16321—2003 4.4	A	不得复验
10	大肠菌群	GB 11673—2003 3.4 GB 16321—2003 4.4	A	不得复验
11	致病菌	GB 11673—2003 3.4 GB 16321—2003 4.4	A	不得复验
12	霉菌	GB 11673—2003 3.4 GB 16321—2003 4.4	A	不得复验

续表 38

序号	检验项目	标准条款	不合格类别	复验用样品
13	酵母菌	GB 11673—2003 3.4 GB 16321—2003 4.4	A	不得复验
14	苯甲酸	GB 2760—2007 GB/T 21732—2008	A	检样
15	山梨酸	GB 2760—2007	A	检样
16	糖精钠	GB 2760—2007	A	检样
17	甜蜜素	GB 2760—2007	A	检样
18	安赛蜜	GB 2760—2007	A	检样
19	着色剂	GB 2760—2007	A	检样
20	标签	GB 7718—2004 GB 13432—2004 GB/T 21732—2008 8.1	A	检样
21	其他有毒有害物质	法律法规或相关标准	A	/

⑤产品标签项目判定(表 39)

表 39　含乳饮料产品标签项目表

序号	项目	标准条款	不合格类别
1	食品名称	GB 7718—2004 5.1.1	A
2	配料清单	GB 7718—2004 5.1.2 GB 7718—2004 5.1.3	A
3	净含量	GB 7718—2004 5.1.4	A
4	制造者的名称和地址	GB 7718—2004 5.1.5	A
5	日期标示	GB 7718—2004 5.1.6	A
6	贮藏说明	GB 7718—2004 5.1.6	A
7	产品标准号	GB 7718—2004 5.1.7	A
8	质量等级	GB 7718—2004 5.1.8	A
9	标明蛋白质含量	GB/T 21732—2008 8.1.1	A
10	标示杀菌(活菌)型,或杀菌(非活菌)型	GB/T 21732—2008 8.1.2	A
11	标明乳酸菌活菌数;标示产品运输、贮存的温度	GB/T 21732—2008 8.1.3	A

按照上表所列项目及标准条款进行检查，其中一项不符合执行标准要求即判为标签项目不符合执行标准要求。

(2)常见的含乳饮料不合格的原因

①产品蛋白质不达标　含乳饮料产品蛋白质不达标主要原因是原料乳蛋白质不达标，一般含乳饮料的蛋白质含量要求在1.0%以上，则能够推算出含乳饮料中的牛乳含量应该在35%以上(假设原料乳蛋白质为2.9%)，如果出现原料乳蛋白质达不到2.9%的情况，所应采取的措施是将牛乳的比例提高到能达到要求的水平上。

②沉淀与分层　含乳饮料沉淀与分层的主要原因有以下几方面：

a. 稳定剂溶解不均匀或稳定性的稳定效果差。

b. 调配酸味剂时牛乳温度过高或速度太快或酸味剂过多。

③微生物指标不合格　微生物指标不合格的原因是多方面的，有清洗的原因，也有杀菌的原因等。

a. 清洗不彻底　生产线CIP清洗(CIP清洗即就地清洗，指不用拆开或移动装置，即可采用高温、高浓度的洗净液，对设备装置加以强力作用，把与乳品的接触面洗净的方法)没有达到规定的洁净度，存有卫生死角，给产品带来质量隐患。只有加强清洗力度，严格执行清洗流程，才能保证微生物达到要求。

b. 杀菌不彻底　没有按照产品作业指导书的要求操作，杀菌温度不够是产生微生物问题的另一个原因。解决办法是按照要求杀菌，确保产品合格。

c. 二次污染　含乳饮料产生二次污染的主要途径是包装膜污染、环境污染、设备污染等。解决办法是通过监测确定出问题的环节，再进行处理。

3. 乳粉感官、理化和卫生指标(表 40、表 41)

表 40　乳粉的感官指标

项目	指标			
	全脂乳粉	脱脂乳粉	全脂加糖乳粉	调味乳粉
色泽	呈均匀一致的乳黄色	呈浅白色，色泽均匀有光泽	均匀的浅黄色	具有调味乳粉应有的色泽
滋味和气味	具有纯正的乳香味	具有脱脂消毒牛乳的纯香味	具有消毒牛乳的纯香味，甜味纯正	具有调味乳粉应有的滋味和气味
组织状态	干燥、均匀的粉末	干燥粉末无结块	干燥粉末无结块	
冲调性	经搅拌可迅速溶解于水中，不结块		润湿下沉快，冲调后完全无团块、杯底无沉淀	

表 41　乳粉的理化卫生指标

	项目	全脂乳粉	脱脂乳粉	全脂加糖乳粉	调味乳粉	
					全脂	脱脂
理化指标	蛋白质/%	≥非脂乳固体的34%		18.5	16.5	22.0
	脂肪/%	≥26.0	≤2.0	≥20.0	≥18.0	—
	蔗糖/%	—	—	≤20.0	—	—
	复原乳酸度/°T	≤18.0	≤20.0	≤16.0	—	
	水分/%	≤5.0				
	不溶度指数/mL	≤1.0				
	杂质度/(mg/kg)	≤16				
卫生指标	铅/(mg/kg)	≤0.5				
	铜/(mg/kg)	≤10				
	硝酸盐/(mg/kg)	≤100				
	亚硝酸盐/(mg/kg)	≤2				
	酵母和霉菌/(cfu/g)	≤50				
	黄曲霉毒素 M1/(μg/kg)	≤5.0				
	菌落总数/(cfu/g)	≤50 000				
	大肠菌群/(MPN/100 g)	≤90				
	致病菌(指肠道致病菌和致病性球菌)	不得检出				

4. 乳油的感官、理化和卫生指标(表 42)

表 42 乳油的感官、理化和卫生指标

项目		指标	
		乳油	无水乳油
感官指标	色泽	呈均匀一致的乳白色和乳黄色	
	滋味和气味	具有乳油的纯香味	
	组织状态	柔软、细嫩,无孔隙,无析水现象	
理化指标	水分/%	≤16.0	≤1.0
	脂肪/%	≥80.0	≥98.0
	酸度/°T	≤20.0	—
卫生指标	菌落总数(cfu/g)	≤50 000	
	大肠菌群(MPN/100 g)	≤90	
	致病菌(指肠道致病菌和致病性球菌)	不得检出	

5. 炼乳的感官、理化和卫生指标(表 43)

表 43 炼乳的各项指标

项目		指标	
		全脂无糖炼乳	全脂加糖炼乳
感官指标	色泽	呈均匀一致的乳白色或乳黄色,有光泽	
	滋味和气味	具有牛乳的滋味和气味	具有牛乳的香味,甜味纯正
	组织状态	组织细腻、质地均匀,黏度适中	
理化指标	蛋白质/%	≥6.0	≥6.8
	脂肪/%	≥7.5	≥8.0
	全乳固体/%	≥25.0	≥28.0
	蔗糖/%	—	≤45.0
	水分/%	—	≤27.0
	酸度/°T	≤48.0	
	杂质度/(mg/kg)	≤4	≤8
	乳糖结晶颗粒/μm	—	≤25

续表 43

项目		指标	
		全脂无糖炼乳	全脂加糖炼乳
卫生指标	铅/(mg/kg)	≤0.5	
	铜/(mg/kg)	≤10.0	
	锡/(mg/kg)	≤10.0	
	硝酸盐/(mg/kg)	≤28.0	
	亚硝酸盐/(mg/kg)	≤0.5	
	黄曲霉毒素 M1/(μg/kg)	≤1.3	
	菌落总数/(cfu/g)	—	≤50 000
	大肠菌群/(MPN/100 g)	—	≤90
	致病菌(指肠道致病菌和致病性球菌)	—	不得检出
	微生物	商业无菌	—

测 试 题

一、单选题

1. 对鲜乳进行蛋白质测定时,常用的混合指示剂是(　　)。

A. 甲基红和酚酞　　B. 溴甲酚绿和酚酞

C. 甲基红和甲基紫　　D. 甲基红和溴甲酚绿

2. 在鲜乳美兰实验中,褪色时间小于 20 min,说明乳品的质量属于(　　)。

A. 合格　B. 良好　C. 不好　D. 很差

3. 在乳腺炎乳的检测中,若无沉淀或絮片的产生,判定(　　)。

A. 阴性　B. 阳性　C. 可疑　D. 强阳性

4. 乳制品出现乳清分离可能的原因是以下哪种(　　)。

A. 灌装温度过高　　B. 均质、热处理不充分

C. 接种温度过低　　D. 原料乳干物质、蛋白含量高

5. 掺水的生牛乳、掺石灰水、洗衣粉以及乳腺炎牛乳均可呈现出(　　)。

A. 红色　B. 黄绿色至深青色　C. 紫色　D. 紫红色

6. 鲜乳品的相对密度的标准值为(　　)。

A. D_4^{20}　1.030　B. D_4^{20}　1.530

C. D_4^{20}　0.530　D. D_4^{20}　0.030

7. 乳制品的罐装温度为(　　)。

A. 42～43℃　B. 47～48℃

C. 27～28℃　D. 17～18℃

二、多选题

1. 在乳品的掺假检查中,检测碱性物质常用的溶剂有(　　)。

A. 溴麝香草酚蓝　B. 甲醇　C. 丙酮　D. 乙醇

2. 在乳品的掺假检查中,检测淀粉常用的溶剂有(　　)。

A. 乙醇　B. 碘化钾　C. 碘　D. 酒精

3. 在乳品的掺假检查中,检测食盐常用的溶剂有(　　)。

A. $AgNO_3$　B. K_2CrO_4　C. 乙醇　D. 酒精

4. 对于酸乳,以下描述正确的是(　　)。

A. 酸乳是指添加(或不添加)乳粉(或脱脂乳粉)的乳中(杀菌乳或浓缩乳),由于保加利亚杆菌和嗜热链球菌的作用进行乳酸发酵制成的凝乳状产品

B. 成品中必须含有大量的、相应的活性微生物

C. 酸乳可分为凝固型酸乳和搅拌型酸乳两类

D. 酸乳会加重“乳糖不耐受症”

5. 在酸乳的感官检测中,主要考察的项目是(　　)。

A. 色泽　B. 密度　C. 滋味和气味　D. 组织状态

6. 酸乳酸度过低,可能的原因是(　　)。

A. 接种量多　B. 接种量少

C. 发酵时间短　D. 菌种的问题

三、判断题

1. 发酵时间延长有很多方面的原因，可能与使用的发酵剂有关，发酵室被杂菌污染也会导致发酵异常。可采取无菌接种和保证发酵室彻底消毒的方法解决。（ ）

2. 正常生鲜牛乳为乳白色或略带微黄色的均匀胶体，无黏稠、浓厚、分层现象；不得有肉眼可见的机械杂质；具备乳的正常滋味气味，不得有苦、咸、涩、臭等异味。（ ）

3. 读取乳稠计刻度，以牛乳底层与乳稠计的接触点为准。（ ）

4. 当由于菌种问题出现乳酸中出现较多颗粒时，可以选择低黏度菌种来改善。（ ）

5. 在陈旧乳的检测中，陈旧乳在酒精中表现为凝固。（ ）

6. 酸乳在贮存时应该在 2～6℃的温度贮存。不得与有毒、有害、有异味、易挥发、易腐蚀的物品同处贮存；产品运输时应采用冷藏工具（温度控制 2～6℃），应避免日晒、雨淋。（ ）

7. 如果出现原料乳蛋白质不达标的情况，所应采取的措施是将牛乳的比例提高到能达到要求的水平上。（ ）

四、技能操作题

1. 能独立完成生鲜牛乳中脂肪的测定。

2. 能独立完成陈旧乳的检验。

测试题参考答案

1. 单项选择题：1. D　2. D　3. A　4. B　5. B　6. B　7. B

2. 多项选择题：1. AD　2. BC　3. AB　4. ABC　5. ACD　6. BC

3. 判断题：1. √　2. √　3. ×　4. ×　5. √　6. √　7. √

乳品检验员(中级)综合测试题

一、判断题

1.酸牛乳所使用的发酵菌种规定为保加利亚乳杆菌和嗜热链球菌。( )

2.巴氏杀菌乳是以牛乳或羊乳为原料,不添加任何辅料,经过不脱脂、部分脱脂和脱脂后再经过巴氏杀菌而制成的液体产品。( )

3.全脂乳粉是指仅以动物乳为原料,经过浓缩、干燥而制成的粉状产品。( )

4.乳品加工车间必须设有更衣室、厕所、淋浴室、休息室。这些场所应灯光明亮、通风良好、洁净,门窗可以直接开向车间。( )

5.分析检验操作过程中加入的水可以用去离子水。( )

6.测定甜乳粉中乳糖含量时,加入草酸钾——磷酸氢二钠的作用是为了沉淀蛋白质。( )

7.巴布科克法测定牛乳脂肪含量时,加热、离心的作用是形成重硫酸酪蛋白钙盐和硫酸钙沉淀。( )

8.使用分析天平时,不可将热物体放在托盘上直接称量。( )

9.包装材料必须符合《中华人民共和国食品卫生法(试行)》第四章的规定:使用前须经严格检验;贮存包装材料的仓库必须清洁,并有防尘、防污染措施。( )

10.灭菌是指杀死乳中的一切微生物,包括繁殖体、病原体、非病原体和芽孢等操作过程。( )

二、填空题

1. 新鲜牛乳是(　　)色的不透明液体,具有胶体的性质。

2. 用于乳和乳制品生产的干燥方法有(　　)干燥和(　　)干燥。

3. 用于制作发酵剂的乳和生产酸乳的原料乳必须是高质量的,要求酸度在(　　)以下,乳中全乳固体不得低于(　　)。

4. 自动 CIP 就地清洗系统是用来对乳品,饮料加工生产线和灌装设备进行自动清洗的专用设备,可提供(　　)洗,(　　)洗以及(　　)洗 3 个程序,并且可自动设置酸液,碱液浓度以及热水的温度。

5. 酸碱洗涤剂中的酸是指(　　)溶液,碱指(　　)溶液在 65～80℃使用。灭菌剂为经常使用的(　　)。

6. 清洗剂种类目前食品行业应用的清洗剂种类很多,主要有酸碱类等,其中(　　)和(　　)应用最为广泛。

三、名词解释

1. 巴氏杀菌乳;2. 较长保质期乳(ESL 乳);3. 灭菌乳;4. 酸性含乳饮料;5. 酸乳;6. 发酵剂;7. 发酵乳的后成熟期;8. 乳酸菌饮料;9. 乳酸菌制剂

四、简答题

1. 巴氏杀菌乳的加工工艺有哪些?

2. 超巴氏杀菌乳与 UHT 乳的区别有哪些?

3. 简述 UHT 灭菌乳的温度变化过程。

4. 无菌包装的概念和要求。

5. 对发酵剂活力的酸度检测的方法与结果是什么?

6. 发酵乳的凝乳不良,由原料乳引起的原因有哪些?

7. 发酵乳时有乳清析出的原因有哪些?

五、技能操作题

1. 新鲜乳的感官检验

2. 乳脂肪的测定